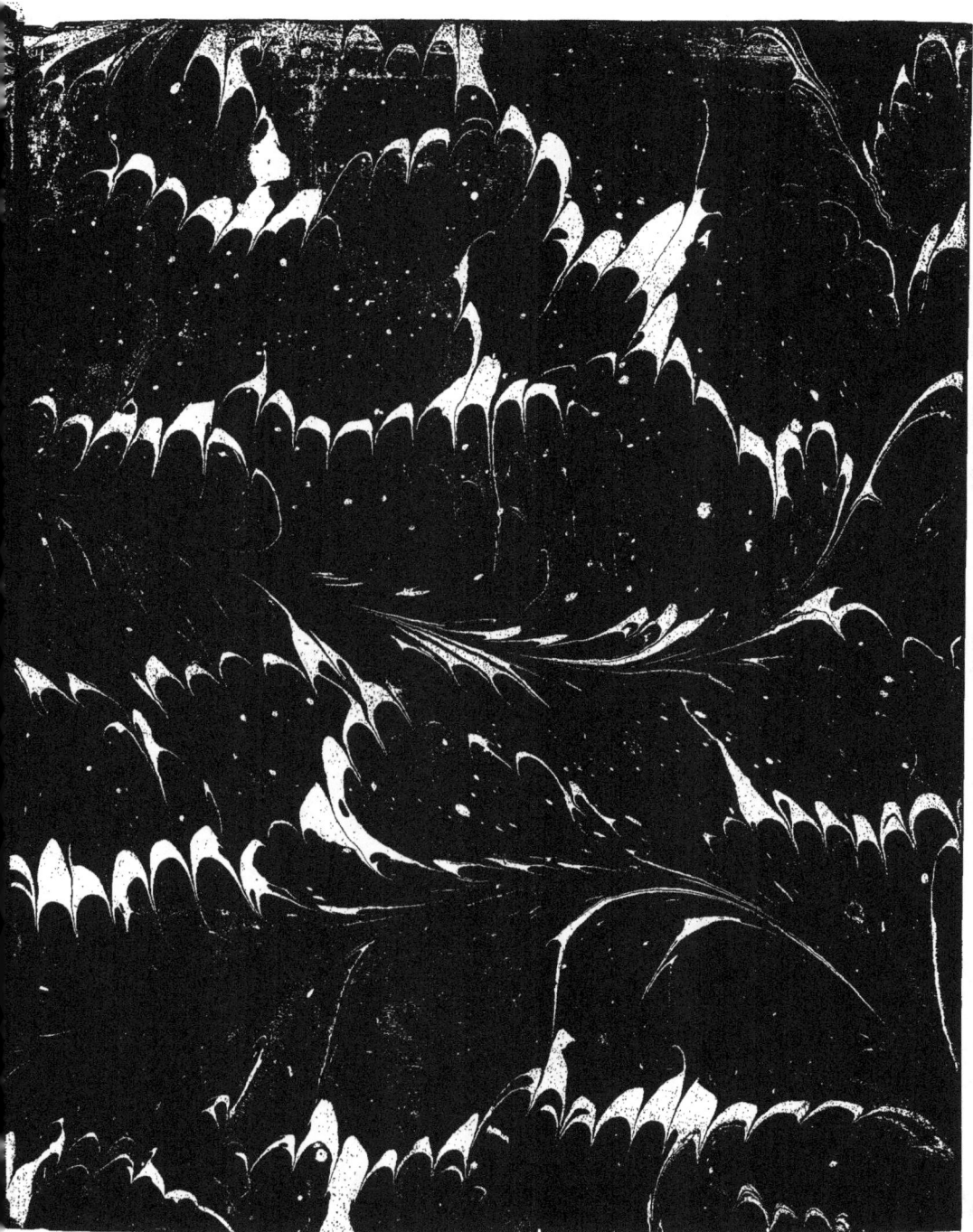

4184 455 ffry Serarh

L'Auteur de ce Discours Physique s'apelle
M. Bazin. Je crois que c'etoit un Ingenieur
Mediocre Physicien. 1.

DESCRIPTION

DES
COURANTS MAGNÉTIQUES

DESSINÉS ET GRAVÉS D'APRÉS NATURE
EN XV. PLANCHES,

SUIVIE

DE QUELQUES OBSERVATIONS
SUR L'AIMAN,

Par Mr. ✳ ✳ ✳ de l'Academie des Belles-Lettres de la
Rochelle, & Correfpondant de l'Academie Royale
des Sciences de Paris.

A STRASBOURG,
Chez Jean-François LE ROUX, Imprimeur du Roy
& de l'Evêché.

M. DCC. LIII.
AVEC PERMISSION.

MONSEIGNEUR,

L'Ouvrage que j'ai l'honneur de préfenter à *VOTRE ALTESSE EMINENTISSIME* eft un tribut que je prends la liberté d'offrir à la protection dont Elle daigne m'honorer. La matiere qui en fait le Sujet ne lui eft point inconnuë. Vous fçavez, *MONSEIGNEUR*, que les fentimens des Sçavants font partagés fur les caufes du magnétifme. Ce fluide mal connu jufqu'à préfent, eft tracé d'après nature dans mon livre, d'une maniere bien différente de celle que l'on a soupçonnée. Il s'agit donc de concilier les anciens syſtêmes avec mes deſſins, dont la nature elle-même m'a fourni le modele : On ne ſçauroit errer en ſuivant ſes traces. Qui peut mieux juger des avantages qui en peuvent naître, que VOTRE ALTESSE EMINENTISSIME, dont nous avons admiré les ſuccès dans l'Etude des Sciences divines & humaines, & que nous voyons aujourd'hui porter la Sageſſe de ſes Conſeils juſqu'au Thrône. La déciſion de VOTRE ALTESSE EMINENTISSIME ſera ma loi ; & ſon approbation, ſi je la mérite, le prix le plus précieux que je puiſſe attendre de mon travail ; je ſuis avec un très profond reſpeƐt,

MONSEIGNEUR,

DE VOTRE ALTESSE EMINENTISSIME,

Le très-humble & très-obéïſſant Serviteur,
BAZIN.

DESCRIPTION

DES COURANTS MAGNÉTIQUES.

QUOIQUE l'Aiman foit un des objets de la Phyfique les plus connus ; Quoique par la fingularité de fes effets, & pour fes utilités, il faffe depuis plufieurs fiécles l'étude des plus grands Philofophes, il n'eft pas moins conftant qu'il eft toujours un des Phénomènes de la nature dont les caufes font encore les plus enveloppées de ténébres. Nous n'en jouiffons que comme les aveugles jouiffent de la chaleur du Soleil. On croit communément que la nature a des myfteres dont la connoiffance nous eft interdite pour jamais. Il eft vrai qu'il y en a dont la profondeur femble s'oppofer à nos efperances ; mais qui peut les affigner ? En un mot nous n'avons point de certitude que le fujet dont j'ai entrepris de parler, foit de ceux que nous fommes condamnés à ignorer. Il paroît feulement, par les efforts de tant

A

de fçavants hommes qui s'y font appliqués , & par le peu de progrès qu'ils y ont faits , que l'on ne peut efperer que du tems & de la fucceffion de leurs travaux, de voir diffiper peu à peu les ombres qui nous le couvrent ; que ce ne fera qu'à pas lents que l'on y parviendra. Ce feroit donc une chofe utile pour la Phyfique de faire un pas de plus dans cette fombre carriere , & d'y porter une lumiere propre à en éclairer le chemin.   C'eft ce que je crois avoir fait par le moyen des coupes des Tourbillons magnétiques dont je donne les deffeins, & qui fixent à la vuë le cours d'un fluide que l'on avoit jufqu'à préfent plutòt imaginé que bien vû.

On fçait depuis long-tems par une expérience fouvent répetée, que fi l'on jette de la limaille de fer fur une feuille de papier , & que l'on paffe deffous le papier une pierre d'aiman , l'on peut voir differents contours que la matiere magnétique fait prendre à la limaille.   Il y a de quoi s'étonner que l'on n'ait pas pouffé cette expérience jufqu'où elle pouvoit aller, en la faifant mieux que l'on ne la fait ordinairement ; ce qui n'étoit pourtant point difficile, comme je le ferai voir bientòt ; elle ouvroit un beau chemin pour nous conduire à une plus parfaite connoiffance du courant de la matiere magnétique , fans laquelle on ne peut avoir une véritable Théorie des Phénomènes de l'aiman.

Le grand & important ufage que l'on fait tous les

jours de cette Pierre admirable pour nous faire connoître les Poles du monde , dans l'obscurité même de la nuit la plus profonde , paroît à bien des personnes devoir suffire pour contenter nos desirs. Cela suffit effectivement au marchand & au navigateur, qui n'ont d'autre ambition que celle d'aller chercher les trésors des Indes : Mais le Philosophe qui met la sienne à considérer la nature , & à tâcher de connoître les ressorts par lesquels elle opere ses merveilles , abandonne au Pilote le Timon du Vaisseau, & s'attache à étudier cette aiguille qui le conduit, & qu'une vertu invisible dirige constamment du Nord au Midy lorsqu'elle n'est point détournée par quelqu'obstacle : il cherche ce que c'est que cette vertu secrete , d'où elle vient, quelle route elle tient dans sa course, d'où elle tire cette force étonnante qui lui fait soutenir des poids d'une pesanteur considérable : il espere en découvrir la source, & peut-être lui trouver des usages inconnus jusqu'à présent : Car la nature féconde dans ses opérations est œconome dans ses moyens, un seul lui suffit souvent pour operer bien des merveilles de genres differents. Le même air qui nous fait respirer, nous fait passer les Mers. C'est une chose présentement décidée, que tout ce qui appartient à l'Histoire naturelle, tout inutile qu'il puisse paroître au commun des hommes , est digne des recherches de la Philosophie, dont l'étude est de nous élever à la connoissance de l'Etre Suprême par celle de fes ouvrages, & de tâcher de rencontrer de ces chofes utiles pour l'ufage de la vie, que la nature ne découvre qu'à ceux qui l'interrogent par l'étude & les expériences. C'eft à de pareilles tentatives, que nous devons la perfection des arts.

Après m'être inftruit autant que j'ai pu de ce que l'on a écrit fur l'aiman & fes vertus, il m'arriva ce qui eft arrivé à tant d'autres ; ce fut d'être faifi de la demangeaifon de former un fyftême ; j'en fis un qui étoit (comme ils font tous) un compofé de ce que la nature veut bien nous laiffer voir, fuppléé par l'imagination. Je le communiquai à une perfonne bien connuë, & très verfée dans ces matieres, qui me fit des objections qui renverferent bientôt la plus grande partie de mes idées. Ces idées étoient cependant toutes fondées fur le courant de la matiere magnétique, tel à peu près qu'il eft expofé dans nos Livres de Phyfique. Je reconnus alors que cette partie de la Théorie de l'Aiman étoit encore bien imparfaite, & avoit befoin d'être éclairée par plus d'une expérience. Je fentis que la meilleure feroit de rendre vifible cette matiere fubtille, qui fans fe faire voir, agitte le fer & l'aiman fuivant des loix certaines; ou, ce qui eft équivalent, de lui faire tracer fous nos yeux en caracteres lifibles fon cours & toutes fes infléxions ; l'ancienne expérience, dont j'ai parlé, de faire mouvoir la limaille de fer fur une feüille de papier par le moyen d'une pierre d'aiman que l'on

proméne par deſſous, m'en montroit la poſſibilité.
On voit dans les Memoires de l'Academie que Mr. de
la Hire faiſoit grand uſage de cette maniere de connoitre les effets de l'aiman ; mais il ne nous en a
donné que peu de figures, qui laiſſent bien des choſes
à deſirer. Mr. Muſſchenbroek a été plus loin dans
cette façon d'obſerver. Nous trouvons dans ſa *Diſ-*
ſertation Phyſique & expérimentale ſur l'Aiman, ſix
ou ſept figures qui repréſentent en petit & à peu
près le cours du flux magnétique dans quelques cir-
conſtances. Mais en général toutes ces expériences,
qui n'ont point été faites comme elles auroient dû l'ê-
tre, me firent concevoir qu'en corrigeant cette mé-
thode, & la conduiſant plus loin & dans un plus
grand détail, on pourroit la varier de tant de façons,
& voir le flux magnétique ſous tant d'aſpects differents, que l'on arriveroit peut-être à connoître avec
plus de certitude le cours & la nature de ce fluide ;
ou qu'en tout cas je le ferois voir dans des tableaux
fideles & en grand, ſur leſquels on pourroit aſſeoir
un jugement plus aſſuré, & réformer ceux que l'em-
preſſement de juger a fait imaginer.

Les premieres expériences que je fis ſur cela me
réuſſirent avec plus de facilité que je ne m'y attendois.
Les perſonnes à qui je les montrai, virent avec plaiſir le fluide magnétique arranger lui-même, & ſans
le ſecours de la main, la poudre ferrugineuſe de vingt
manieres differentes, ſuivant les differentes poſitions

que je donnois à plufieurs aimans approchés les uns
des autres, où mis en oppofition.   En me fervant,
comme j'ai fait, de limaille d'acier paffée au tamis
fin, cette poudre deffinoit fur le papier toutes les rou-
tes du flux magnétique avec une régularité, une net-
teté & une précifion admirables.   Je me fuis fervi
quelquefois de cette poudre d'acier que l'on vend dans
les Pharmacies, & dont les Médecins ordonnent l'ufage
pour plufieurs maladies, après l'avoir fait fécher au
feu.; Alors on auroit cru voir l'ouvrage du burin le
plus délicat.   Enfin ces expériences m'ont montré des
Tourbillons de matiere magnétique peu connus ; elles
m'ont fait voir ce qui arrive à ce fluide, foit à la rencontre de deux Poles oppofés, foit lorfque deux Poles
femblables s'approchent ; comment il embraffe, & fai-
fit le fer que l'on lui préfente : pourquoi dans certaines
circonftances il attire, & que dans d'autres il repouffe ;
comment-il paroît décrire dans un cercle une partie
de ceux de notre Sphère, un Pole artique, un Pole
antartique, un Equateur : Il eft agréable de voir de fes
yeux les traces d'une puiffance que l'on foupçonnoit
fe fouftraire à nos recherches.

Le fuccès de mes expériences ayant répondu à mon
attente, j'ai cru que ce feroit rendre fervice aux ama-
teurs de cette partie de la Phyfique, que de leur en
faire part.   C'eft ce que je me fuis propofé dans cet
écrit.   Je dirai d'abord de quelle façon je les exécute :
je rendrai compte enfuite de l'effet qu'elles produifent,

ce que l'on comprendra facilement au moyen des Planches que j'ai fait graver, qui les repréfentent toutes fidellement, & des explications qui les précedent. Je terminerai enfin ce petit ouvrage par quelques réfléxions fur la matiere magnétique.

UNE Pierre d'aiman armée, telle que l'on les a communément, eft fort mal difpofée pour recevoir toutes les differentes fituations dans lefquelles je voulois mettre plufieurs aimans en oppofition. Pour éviter cet inconvénient, j'ai fait faire un nombre de lames d'acier de figures régulieres, telles que l'on peut les voir dans les Planches : Je leur ai donné peu d'épaiffeur, quelquefois une demie ligne, quelquefois une ligne ou deux. Après les avoir aimantées, je les mettois fur ma table dans la fituation où je les voulois, & pofant deffus une feuille de papier blanc, je femois fur le papier de la limaille fine d'acier, ou de fer ; mais pour la femer plus régulierement je la faifois paffer par un petit tamis de foye. Pendant que cette poudre tombe on la voit déja s'arranger elle-même, & pour achever de lui faire prendre toute la perfection du deffein que le flux magnétique peut lui donner, il faut frapper fous la table des petits coups avec une clef, ou un petit marteau. Ces petits coups qui font fauter les paillettes ferrugineufes, les dégagent des rugofités du papier, les mettent en l'air, où elles reçoivent plus facilement l'impreffion du flux magné-

tique, qui les pouffe & les place où il lui convient
qu'elles foient. Voilà tout ce qu'il eft néceffaire de
fçavoir pour parvenir à faire les expériences dont je
vais rendre compte, & qui font deffinées d'après nature
dans les Planches fuivantes. Comme elles font exacte-
ment des coupes des tourbillons magnétiques, je penfe
que c'eft ce que l'on pouvoit faire de mieux pour en
donner des idées vraies, aufquelles l'imagination qui
nous trompe fi fouvent, & la vraifemblance qui n'eft
pas toujours la vérité, n'ont aucune part.

EXPLICATION

EXPLICATION
DES FIGURES.

PLANCHE I.

CETTE Planche Fig. 1. fait voir deux lames d'a-
cier aimantées qui se touchent par leurs Poles
contraires *N* & *S* & s'écartent l'une de l'autre par
les extrémités opposées. Ces deux Poles *N* & *S* étant
ceux par lesquels ces lames s'attachent & s'attirent
l'une l'autre, laissent voir ce que c'est que cette attraction, & comment le fluide magnétique les embrasse par des lignes courbes, en dessus & en dessous
du point de contact, l'angle intérieur étant plus chargé
de limaille que le supérieur. On peut remarquer au
milieu de chacune de ces deux lames un tourbillon qui
se forme au tour des lames droites *A A*, c'est ce que
l'on appelle l'équateur de l'aiman. Les deux Poles
inférieurs *S* & *N* ne marquent aucune différence dans
la sortie du fluide magnétique. Si on écarte ces lames
jusqu'à ne faire plus ensemble qu'une ligne droite,
comme dans la Fig. 2. on n'en voit que mieux ce
courant circulaire du fluide qui les lie & les presse

B

l'une contre l'autre. On pourroit croire que cette ligne noire & épaiffe que l'on voit entre ces deux lames, eft une féparation, je dois avertir que c'eft un effet de la limaille qui s'eft affemblée, & a couvert le ligne du contact.

PLANCHE II.

LA Figure 1. repréfente deux lames aimantées qui fe touchent par leurs Poles N c'eft-à-dire comme on les nomme communément par leurs Poles du même nom. On fçait que dans cette fituation elles ne peuvent s'attacher, ni s'attirer. L'arrangement des parties ferrugineufes en fait voir la caufe dans cette Planche. En la comparant à la précédente, on peut rémarquer dans celle-ci que le fluide magnétique, en fortant des Poles N & N continue fa route directement, & que ces deux courants fe choquent & ne fe confondent point. L'angle intérieur qui dans la Figure précédente étoit le plus chargé de limaille, en eft vuide dans celle-ci, celle que j'ai voulu y fubftituer en a toujours été repouffée. Un peu au deffous de ce vuide les fluides magnétiques qui s'échappent des deux lames, tournent en fe rabattant vers le bas, & coulent féparément & fans fe mêler, jufqu'à ce qu'ils fe joignent aux tourbillons qui environnent le milieu des lames, c'eft-à-dire aux équateurs $A\ A$. Lorfque l'on met ces deux lames l'une au bout de l'autre, pour en faire une ligne droite Fig. 2. la matiere magnétique s'échappe par les côtés fans chercher à fe joindre. Si au lieu d'oppofer les Poles *N* on oppofe les Poles *S* le même effet en réfulte.

PLANCHE III.

LA Fig. 1. montre deux lames aimantées, préfentées l'une à l'autre par leurs Poles contraires ; mais arrêtées à la diftance que l'on voit ici. La difpofition de la matiere magnétique fortant des deux Poles contraires qui cherchent à s'unir, paroit dans cette Figure d'une maniere bien évidente. Si ces deux lames venoient à fe toucher, tous ces grands cercles qui vont de l'une à l'autre, fe trouveroient raccourcis & appliqués en dehors, comme on l'a vû dans la Planche I. Fig. 2. La Fig. 2. de la préfente Planche eft celle de deux Poles de même nom, préfentés à quelque diftance. La contrarieté des deux fluides, qui fe choquent & fe repouffent l'un l'autre, ne pourroit être mieux marquée, fi le fluide magnétique étoit une matiere vifible.

PLANCHE IV.

LA Fig. 1. repréfente une lame aimantée & terminée à chaque bout par un petit Parallépipéde de fer doux. Mon objet a été de faire voir que la matiere fort également par les deux Poles *A A*, que la limaille n'a pû tenir fur leurs furfaces, & de montrer ce tourbillon *B B*, que je crois être le foyer de la matiere magnétique ; ceux qui penfent que le fluide magnétique entre par un bout & fort par l'autre, auroient, je crois, de la peine à déterminer quelle eft dans cette Figure, l'entrée, & quelle eft la fortie. La Fig. 2. montre plufieurs effets differents, produits fur la même lame, contre laquelle j'en ai appliqué deux autres B & A par leurs Poles S. La premiere lame horizontale B produit l'effet ordinaire de la matiere magnétique, lorfqu'elle rencontre deux Poles de different nom. Mais la lame A en produit un fingulier ; car ce tourbillon C, qui étoit au milieu de la lame verticule, a été déplacé & eft remonté plus haut du côté de la lame B. La lame A fait voir encore, dans les angles de fa jonction avec la verticale, deux courants contraires ; le fupérieur eft femblable à celui qui provient de l'approche de deux Poles de differents noms, & l'inférieur eft celui qui réfulte de l'approche de deux Poles femblables. La preuve que ce changement n'eft point un effet du hazard, c'eft qu'autant de fois que j'ai préfenté la lame A par fon Pole N, ou par fon Pole S, ces deux differents courants changoient de place, & prenoient conjointement avec le tourbillon le deffus ou le deffous de la lame.

PLANCHE V.

On voit dans la Fig. 1. deux lames aimantées & accolées, leurs Poles de differents noms étant vis-à-vis l'un de l'autre. La maniere dont le fluide magnétique se courbe pour lier ces poles, est encore ici bien marquée; mais le tourbillon qui auroit dû se former au milieu des lames, paroît presque effacé. La Fig. 2. représente deux lames aimantées & assemblées à la maniere de Mr. *Knigt*; c'est-à-dire séparées par une lame de bois, & terminée à chaque bout par une petite traverse de fer doux, qu'il appelle *un portant*. Les places blanches marquées par les Lettres $\alpha\ \alpha$ **A A**, étoient occupées par ces petits portants, ou parallépipédes; la limaille s'en est retirée pendant que je frappois sous la table, pour l'obliger à prendre sa place; & en même tems celle qui couvroit les lames d'acier, s'est jettée sur la barre de bois, où elle s'est arrangée en lignes épaisses, & serrées comme on les voit. Les tourbillons font fort bien marqués au tour de chaque lame. Ce qu'il y a encore ici de singulier, c'est que le flux magnétique ne tourne, & n'embrasse ces petits parallépipédes que d'un seul côté, & qu'il les embrasse également par les deux Poles de la même lame *A A*, pendant qu'il s'échappe en ligne droite par les deux Poles de celle qui lui est opposée *B B*; & cependant ces deux portants font attirés d'un & d'autre côté par une force qui paroît égale.

PLANCHE VI.

L A Fig. 1. est celle de deux lames éloignées l'une de l'autre de la maniere que l'on les voit ici, opposées par leurs Poles de même nom, & terminées par deux parallépipédes de fer doux. Les deux tourbillons y font nets, & bien marqués. Mais l'on doit prendre garde fur tout à l'arrangement curieux de la matiere magnétique dans l'intervalle des deux lames. Cet arrangement n'eft cependant que l'effet de l'oppofition des Poles de même nom. Ce font les deux lames de la Planche II. placées parallelement. Les deux morceaux de fer des extrémités n'y étoient point néceffaires, ils ne font attirés, ni repouffés, en les fupprimant, tout eut été encore de même. La Figure 2. eft celle d'une lame qui a deux tourbillons *A A* ; Et la Fig. 3. celle d'une pareille lame qui en a quatre *A A A A*. Cette multiplicité de tourbillons vient de la maniere dont je les ai aimantées. Pour faire naitre les deux tourbillons de la Fig. 2. j'ai pris une lame aimantée comme à l'ordinaire, qui n'avoit qu'un tourbillon, je l'ai aimantée de nouveau en me fervant de deux pierres d'aiman armées, j'ai pofé les Poles de même nom de ces deux pierres fur les extrémités de la lame, l'un à un bout, l'autre à l'autre, puis je les ai conduits enfemble en frottant jufqu'à leur rencontre au milieu de la lame fept à huit fois. Pour faire paroître les quatre tourbillons de la Fig. 3, j'ai fait partir les deux mêmes Poles enfemble du milieu de la lame, & les ai menés jufqu'aux extrémités autant de fois.

PLANCHE VII.

LA 1. & la 2. Fig. font compofées chacune de

deux lames aimantées, difpofées, & accollées comme
on les voit ici. Lorfqu'on aura pris garde à la difpofition des Poles, on obfervera dans la 1. Let. *A A*, de
quelle façon le flux magnétique eft repouffé & foufflé,
pour ainfi dire, du bout de chacune de ces lames, &
comme elles ont chacune leur tourbillon, Let. *B B*.
Dans la 2. Fig. la matiere magnétique qui fort par
les deux bouts de chaque lame, fe jette en tournant
fur fa voifine, & y forme un tourbillon commun,
Let. *C C*. La Fig. 3. eft celle d'un aiman artificiel
de la conftruction de Mr. *Brackenhoffer*, mais qu'il a
bien perfectionné depuis. Celui-ci m'a fervi pour
l'experience d'un mouvement perpetuel, dont il fera
parlé dans les Réfléxions.

PLANCHE VIII.

ON voit ici un triangle compofé de trois lames
qui ont été toutes trois aimantées du même fens. Les
deux lames qui font la pyramide ont leurs tourbillons
de matiere magnétique placés à l'ordinaire ; celle qui
fait la bafe de ce triangle n'en a qu'un petit, avancé
vers fon *N*. La matiere magnétique embraffe par des
lignes courbes & lie d'une maniere bien vifible les trois
angles de ce triangle. Dans la Fig. 2. je n'ai fait
que retourner la lame de la bafe, & mettre fes Poles
vis-à-vis les Poles de même nom des deux autres lames,
le tourbillon a repris fa place auffi-tôt, & toute fa
grandeur ; & le flux magnétique eft forti des angles

DESCRIPTION

intérieurs par deux courants oppofés qui paroiffent fe repouffer.

PLANCHE IX.

LA Fig. 1. eft celle d'une pierre d'aiman armée. Elle fait voir le courant de la matiere magnétique entre les deux Poles, & fortant avec affluence des pieds de l'armure. La Fig. 2. eft celle d'une pareille pierre renverfée, & dont les pieds fe préfentent à la vuë par leur furface inférieure, je veux dire par celle qui appuye fur le fer que l'on veut enlever. Elle fait voir de quelle façon le fouffle magnétique a difperfé la limaille dont j'ai foupoudré le papier que j'avois pofé fur ces deux pieds. Ceux-ci font bien marqués par les deux petits quarrés de poudre ferrugineufe qui s'eft affemblée au tour des quatre faces, où les pailletes fe tiennent de bout pendant que par tout ailleurs elles font couchées. La Fig. 3. eft celle d'une aiguille de bouffole. On y peut remarquer trois tourbillons, & que la matiere magnétique fort toujours avec plus d'abondance par le Pole N que par le Pole S.

PLANCHE X.

La premiere Figure montre deux lames aimantées & placées N contre N; au deffus eft un morceau de fer doux, éloigné d'une petite diftance, pour faire voir de quelle façon le flux magnétique le repouffe.

La

La Fig. 2. repréfente les mêmes lames oppofées par leurs Poles contraires. Elles font voir ici comment le flux magnétique va au devant du morceau de fer doux, & l'embraffe. Je n'ai fait deffiner que des demies lames, leur longeur entiere n'auroit rien appris de plus. La 3. & la 4. Figures ne font ici que pour être mifes l'une & l'autre en parallele. La 4. eft copiée d'après le deffin d'un de nos plus grands Philofophes, qui a voulu nous donner le cours du fluide magnétique de la maniere dont il le conçoit, lorfque l'aiman *A* attire le fer *B*. C'eft auffi celle que *Defcartes* & le plus grand nombre des Phificiens ont imaginé; mais la 3. Fig. qui repréfente le même effet, & qui eft deffinée d'après nature, montre la prodigieufe difference qui eft entre le vrai & le fictif, & que l'on n'avoit qu'une idée bien fauffe du courant de ce fluide au tour d'un aiman.

PLANCHE XI.

CETTE Planche fait voir une lame d'acier aimantée & figurée comme un fer à cheval. Les traits de Burin qui y font répandus repréfentent toutes les petites pailletes ferrugineufes de la limaille, dans l'ordre où le flux magnétique les avoit rangées. Ce n'eft point un arrangement formé par le hazard, il a toujours été le même autant de fois que j'ai recommencé cette expérience. Il en eft ainfi de tous les deffins des autres Planches. On peut remarquer dans celle-

C

ci ce que l'on trouve par tout , c'eſt que la limaille
eſt toujours emportée vers les extrémités , & ſur les
angles de l'aiman & du corps aimanté, & qu'elle quitte
facilement les ſurfaces. Une autre obſervation à faire,
eſt que la partie la plus élevée *A* de ce cercle, paroît
plus dénuée de matiere magnétique que le reſte ; au
lieu que ſi j'avois laiſſé cette lame dans toute ſa lon-
gueur , ſans lui donner la figure circulaire , cette partie
qui fait le milieu de la lame , ſe ſeroit trouvée envi-
ronnée d'un tourbillon de matiere magnétique, que l'on
ne voit ici que bien légerement, mais qui paroît mieux
dans les Planches où les lames ſont droites. Un effet
encore très remarquable, ce ſont ces lignes courbes qui
marquent diſtinctement le courant du fluide magnétique, & qui partant des deux Poles *N* & *S*, viennent
ſe rencontrer comme pour ne faire qu'un lien commun
entre les deux Poles.

Cette Planche ayant été deſſinée d'après une figure
tracée avec une limaille un peu trop groſſiere, ne m'a
point donné un deſſin ſi net , & ſi bien détaillé que
celles qui ſont faites d'après une poudre d'acier plus fine.

P l a n c h e XII.

L a Figure 1. eſt le même fer à cheval portant par
ſes deux Poles une lame d'acier aimantée. Les Poles
du même nom, tant de la lame que du fer à cheval,
ſont chacun du même côté. On peut appercevoir
ici les tourbillons qui partent de chaque Pole du fer

à cheval, qui paroiſſent traverſer la lame & l'embraſſer. Dans la Fig. 2. je n'ai fait que déplacer les Poles de la lame, & les oppoſer chacun à leur contraire, il n'y a plus qu'un tourbillon qui s'eſt placé dans le milieu ; & le flux magnétique des angles ſupérieurs & extérieurs *B B*, tant celui qui ſort du fer à cheval que celui de la lame qu'il ſupporte, ſe chaſſent & ſe repouſſent l'un l'autre.

PLANCHE XIII.

CETTE Figure eſt formée par une lame d'acier aimantée & tournée en S. Le cours du fluide m'y a paru ſi ſingulier & ſi curieux, que je ne doute point qu'il ne faſſe plaiſir à voir. Cette lame a été aimantée en paſſant d'abord le Pole *N* de la pierre depuis le Pole *N* de la Fig. juſqu'en *S*, & en ramenant enſuite le Pole *S* de la pierre depuis l'*S* de la Figure juſqu'en *N*. La lettre *A* marque la place du tourbillon.

PLANCHE XIV.

C'EST ici un cercle d'acier aimanté. Les deux places qui paroiſſent nébuleuſes ſur ſa ſurface, parce que la limaille s'y eſt fixée, ſemblent marquer les Poles de ce cercle par les lignes courbes que le flux magnétique y forme, & qui imitent aſſez bien une projection de Sphére ; on croit y voir un Pole arctique, un Pole antarctique, un équateur. Mon premier mou-

C ij

vement fut de croire que le matiere magnétique circule de même dans la terre & au tour ; que celle-ci
a vers fes Poles deux tourbillons pareils ; cependant
on pourra être furpris, comme je l'ai été, que ces
deux tourbillons de notre cercle font fon équateur, &
que fes Poles font où je les ai marqués, & comme l'aiguille de la bouffole me les a indiqués. C'eft auffi ce
qu'a apperçû autrefois Mr. *de la Hire*, mais fans nous
en dire la raifon. L'origine de ces tourbillons vient
de la maniere dont ce cercle a été aimanté. En partant d'un point marqué, on a d'abord conduit le Pole
Nord d'une pierre d'aiman armée jufqu'au haut du
diamétre du cercle correfpondant au point dont on
eft parti ; puis en revenant, on a conduit le Pole Sud
de la même pierre dans l'autre partie du cercle, depuis
le même point jufqu'à celui où avoit fini l'autre. Ce
font ces deux points qui ont fixé les tourbillons. On
a vû des exemples de ces tourbillons, formés & fixés
par la maniere d'aimanter, dans quelques expériences
précédentes.

P L A N C H E XV.

L'on verra dans mes réfléxions fur la matiere magnétique, que j'ai cherché à connoître par où ce fluide
entre dans l'aiman & dans les lames aimantées. Fondé fur une expérience que j'y rapporte, j'ai été déter-
miné à croire qu'il entre par l'équateur, c'eft-à-dire par
ce tourbillon qui le défigne toujours, & qu'il fort des

lames par les deux bouts à la fois, comme par les pieds
de l'aiman armé. Mais étant prêt de voir terminer
l'impreſſion de ce petit ouvrage, j'ai tenté une autre
expérience qui paroît confirmer ma conjecture d'une
maniere beaucoup plus évidente. C'eſt celle qui fait
le ſujet de cette Planche. On y voit deux lames
courbes *A* & *B*, dont la ſupérieure *A* eſt plus forte en
matiere, & en vertu magnétique que l'inférieure *B* ;
elles ſont oppoſées par leurs Poles de même nom, & un
peu éloignées l'une de l'autre pour rendre plus ſen-
ſible la rencontre de leurs courants. Cette diſpoſi-
tion fait voir que la matiere magnétique ſortant avec
plus de force & d'abondance de la lame ſupérieure, a
chaſſé la limaille qui auroit dû s'attacher ſur les Poles
de la lame inférieure *C C*, & qu'elle fait courber en
D D le flux magnétique qui s'échappe des côtés de
cette petite lame; il ſemble qu'elle péſe deſſus, ou la
ſouffle. Cette preſſion ſe fait également à l'un & l'autre Pole. Or ſi le flux magnétique entroit en même
tems par les deux Poles de la grande lame, celui qui
ſort des côtés de la petite lame, étant le plus foible,
ſeroit dirigé en enhaut, au lieu d'être comme il eſt,
pouſſé vers le bas. Si ce même flux entroit, comme on le
croit communément, par une des extrémités de la lame
pour ſortir par l'autre, on verroit d'un côté ou de l'autre une différence dans les effets du courant. Mais à
la ſeule inſpection de cette Figure, il eſt difficile de
ne pas croire que le flux magnétique ſort & ſouffle par

les deux Poles de la grande lame en même tems : cependant comme il faut qu'il soit remplacé à mesure
qu'il se dissipe, il paroît qu'il ne peut l'être que par
celui qui s'introduit par ce tourbillon qui forme son
équateur, & qui se trouve dans le milieu des lames en
E , à moins que l'on ne le déplace exprès.

QUELLES conclusions tirer de tous ces differens
courants, tant courbes que directs, se mêlant, ou se
repoussant, que l'on voit dans le fluide magnétique ?
comme les expériences dont je viens de donner le détail, peuvent être multipliées beaucoup au delà de
celles que je présente, & donner par conséquent de
plus grandes lumieres, je me dispenserai d'en rien con-
clure pour ne me pas mettre dans le hazard de con-
clure trop tôt. Je crois avoir assez fait, si je rappelle
l'attention de ceux qui verront ces courants, sur une
route jusqu'à présent mal connuë, & qui mérite certainement de l'être mieux. Je viens d'y faire voir des
faits nouveaux, qui montrent que parcouruë dans une
plus grande étenduë, elle peut nous en découvrir d'autres, & nous mener à de nouvelles connoissances. Il
ne faut que cette esperance pour inviter les Philoso-
phes à les continuer.

SI mes expériences n'éclaircissent pas la matiere du
fluide magnétique, autant que l'on pourroit le desirer,
si au contraire elles en rendent l'explication plus difficile, en la chargeant de circonstances qui étoient igno-

rées, elles auront du moins le mérite d'être un tableau fidéle, & correcte des differens mouvemens d'un reſſort qui opere ſous nos yeux bien des merveilles, & qui ſans doute en fait bien d'autres qui nous ſont inconnuës : Car le moyen de croire que le Créateur auroit formé un être, qui circule au tour de la terre comme un fluide, qui la traverſe par ſon axe d'un Pole à l'autre, qui nous environne de toutes parts, dont nous ſommes nous-mêmes pénétrés, dans le ſeul deſſein de nous amuſer par le curieux ſpectacle d'une petite pierre, qui enléve inviſiblement un poids ſouvent plus gros & plus lourd qu'elle, ou tout au plus pour diriger une petite aiguille, qui nous mene aux extrémités du monde pour ſatisfaire notre luxe, notre avarice, ou notre curioſité. Ce ſeroit bien mal répondre à l'idée que l'on doit avoir d'un ſi ſage ouvrier, que de lui donner de pareilles vuës. Il ſeroit beaucoup plus raiſonnable, ce me ſemble, de penſer que la matiere magnétique a d'autres uſages plus ſerieux, & plus importans que ceux que nous voyons; qu'elle entre dans la conſtitution de l'univers pour y exercer des fonctions que nous ne connoiſſons pas encore, & qu'on découvrira peut-être quelque jour. Seroit-elle moins heureuſe que la matiere électrique, qui vient de ſortir de ſes ténébres avec tant d'éclat, qui n'a été connuë pendant tant de ſiécles que par un ſeul & le moindre de ſes effets, & qui nous en montre aujourd'hui un ſi grand nombre & ſi ſurprenans.

APRÉS l'expofition de mes tableaux magnétiques ,
je ne puis me refufer la fatisfaction de rapporter quelques réfléxions qui me font venuës dans l'efprit pendant le cours de mes expériences : mais n'ayant nul
deffein d'en faire un fyftéme, je les expoferai fans
ordre & comme elles fe préfenteront à ma mémoire.
Les unes feront l'explication de quelques faits qui
m'ont paru peu, ou mal éclaircis ; les autres expofe-
ront. naïvement des difficultés que je laiffe à réfoudre
à qui voudra l'entreprendre ; j'y joindrai quelques
expériences nouvelles.

RÉFLÉXIONS

RÉFLEXIONS
SUR
LA MATIERE MAGNÉTIQUE.

LA matiere magnétique eft-elle une fubftance differente de la lumiere, de celle qui produit l'é-
lectricité, de la matiere fubtile, & de plufieures autres
matieres qui peut-être ne tombent point fous nos fens,
& qui ne fe manifeftent que par leurs effets? c'eft ce
que je ne déciderai point; mais puifque nous ne pouvons pas efperer de les connoître autrement que par
ces mêmes effets, le plus fur eft d'en juger par cette
voye : en s'en tenant à ce moyen, il paroît que la
matiere magnétique eft une fubftance differente des
autres, puifque nous n'en connoiffons aucune qui pro-
duife des Phénomènes femblables à ceux de l'aiman.

LE fentiment le plus autorifé, même par l'expérience, eft que la matiere magnétique eft un fluide
qui coule du Nord au Sud fur la furface de la terre;
l'aiguille de la bouffole qu'elle dirige, nous montre
fon cours, comme une girouette au haut du mât d'un
vaiffeau fait connoître celui du vent. Il eft probable
que ce n'eft pas feulement fur la terre que ce fluide

D

court, mais qu'il la pénétre jufques dans fes entrailles, puifqu'il va communiquer fa vertu à des pierres qui font dans des mines profondes. La promptitude avec laquelle cette matiere agit nous eft démontrée par celle qu'elle donne au fer qu'elle attire , & fa force par les poids qu'elle porte. Ce n'eft point une chofe douteufe, ni même difficile à comprendre que le monde en foit plein: il eft conftant que tous les corps quels qu'ils foient, & même les plus folides, font poreux prefqu'à l'infini, le fluide magnétique eft lui-même une des plus fortes preuves que nous en ayons, puifque l'or , l'argent, le mercure & tout ce qu'il y a de plus compacte, ne peut arrèter fon paffage ; il pénétre les métaux, le feu, la flamme avec la même facilité que la lumiere traverfe le verre ; il donne des marques de fa préfence en quelque lieu du monde que l'on fe trouve : on peut donc regarder le Globe de la Terre comme un corps tout pénétré de la matiere magnétique, & noyé, pour ainfi dire, dans une mer de ce fluide. Mais ce fluide a un courant qui lui eft propre, & dont dépend la plus grande partie des Phénomènes de l'aiman. Comment pourroit-on efperer de connoitre ces Phénomènes, fi l'on n'en connoît pas la caufe ?

Les expériences que l'on a pû voir cy-deffus, montrent qu'il eft d'une nature différente de l'eau, du vent & des autres fluides ; il a un cours à peu près direct & fans interruption du Nord au Midy , qui

ne lui eft communiqué par aucune force étrangere ;
nous ne voyons point qu'il fe réfléchiffe comme eux
par des angles de réfléxions égaux aux angles d'inci-
dence. Deux courans d'eau, deux vents qui vien-
droient fe choquer en fens contraires, fe pénétreroient,
fe mêleroient ; il n'en eft pas de même du fluide que
nous examinons. On voit Planche III. Fig. 2. deux
courans de matiere magnétique fe rencontrer , fe choquer, & s'applatir pour ainfi dire l'un l'autre, comme
des corps folides qui ont quelque fléxibilité & qui ne
réfiftent pas à une légere preffion. Deux rayons de
cette matiere qui vont à la rencontre l'un de l'autre,
même Planche Fig. 1. n'y vont point comme les rayons
de la lumiere , par le chemin, ni par le tems le plus
court.

ON demande quelle eft la caufe pour laquelle l'aiman & le fer font les feuls objets de l'impreffion de
ce fluide. Je crois qu'il la faut chercher dans le fer
& l'aiman. Étant très véritable que toute matiere eft
poreufe , & que le fluide magnétique les traverfe toutes ;
c'eft une conféquence qui en réfulte naturellement,
que s'il s'en trouve quelqu'une qui lui foit impéné-
trable , celle-là fera l'objet de fon effort & de fon
action. Or nous ne connoiffons que le fer & l'aiman
qui lui réfiftent, puifqu'il les pouffe & les fait changer
de place ; c'eft donc de la part du fer & de l'aiman

D ij

que provient l'obſtacle que rencontre le flux magnétique, & des efforts que celui-ci fait pour le vaincre,
que naiſſent les Phénomènes qu'il nous fait voir. Quand
j'ai dit qu'ils ſont impénétrables, je n'ai pas prétendu
que l'on prit ce terme à la rigueur ; je penſe ſeule-
ment que ſoit par la ténuité, ſoit par une configu-
ration ſinguliere de leurs pores, le fer & l'aiman ſont
plus difficiles à pénétrer que tous les autres corps ſo-
lides ; d'où il arrive que la matiere magnétique ſe pré-
ſentant avec affluence, & ne pouvant paſſer tout à la
fois par ſes pores, fait effort pour s'y introduire, du
moins par filets, qui ne trouvant que des paſſages extrémement étroits & tortueux, en acquiérent un courant plus rapide & capable d'une plus forte impulſion.

On a cru juſqu'à préſent que la matiere magnétique paſſoit plus aiſément par les pores de l'acier que
par ceux du fer, & de ce principe, qui n'eſt nulle-
ment prouvé & qui n'a été donné qu'au hazard, on en
tire l'explication de pluſieurs effets de l'aiman. Toutes
les expériences que j'ai faites, ne m'ont rien fait voir
qui puiſſe conduire à penſer ainſi, la raiſon même y
paroît oppoſée.   Le fer ſortant de la mine, eſt peu
propre à acquérir la vertu magnétique, parce que la
matiere magnétique le traverſe avec la même facilité
que les autres métaux ; quand il a paſſé ſous les marteaux des forgerons & que ſes parties ſont plus rap-

prochées, il y paroît plus difpofé ; s'il eft pouffé jufqu'au point d'être acier, il contracte plus aifément la
vertu d'être aiman : & enfin il prend toute celle qu'il
peut recevoir lorfqu'il eft acier le plus fin, c'eft-à-dire
lorfqu'il eft le plus compacte, & que fes parties font
réduites au plus petit efpace qu'il eft poffible. C'eft
donc renverfer l'ordre naturel de dire que plus un
corps eft compacte, plus il eft difpofé à laiffer paffer
les matieres qui doivent le traverfer.   C'eft pourtant
ce que difent ceux, qui avancent que la matiere magnétique paffe plus facilement par les pores de l'acier
que par ceux du fer.   Il feroit ce me femble bien plus
raifonnable de croire que tous les Phénomènes de l'aiman viennent de la difficulté que la matiere magnétique trouve à paffer par les pores de l'aiman & du fer,
& que c'eft le plus ou le moins de cette difficulté qui
fait les aimans forts, ou foibles ; c'eft auffi le fentiment de M. *de Réaumur*, qui le premier a fenti le dé-
faut de l'ancien fyftéme, & a donné lieu à plufieurs
de nos modernes de l'abandonner.

JE ne vois nulle néceffité d'admettre, comme ont
fait plufieurs Philofophes, des vis, des écrous ou des
poils dans les pores du fer, pour expliquer les effets
de l'aiman. Les poils fur tout font à mon fens ce qu'il
y a de moins admiffible. Quelle apparence y a-t'il
que le fer, ce métal tant de fois pétri, affommé de

coups, mis à toutes fortes de tortures, tourné & re-
tourné de cent façons fous des marteaux d'un poids
immenfe, puiffe conferver dans tous ces états, ce velu
fi bien arrangé, fi fouple, fi docile, dont on fuppofe
fes pores hériffés; fuppofition pour fuppofition, il me
femble qu'il eût été plus court & en même tems plus
vraifemblable d'admettre une grande fléxibilité dans
les fibres de fes canaux : Les fibres font des chofes con-
nuës, des êtres réels, le fer n'eft compofé que de fibres : Les poils, les vis, les écrous ne font que des
êtres créés par l'imagination pour le befoin du fyftéme.
La fléxibilité des fibres eft feule capable d'operer tout
ce que l'on attribue aux autres. Si donc ces fibres
font telles qu'en fe crifpant, s'allongeant ou fe rac-
courciffant, elles puiffent rendre le paffage de la matiere magnétique plus aifé ou plus difficile, il n'en
faut pas davantage pour changer fon courant & les
effets qui en dépendent. Mrs. *Bernoulli* dans leur
difcours fur l'aiman, qui a concourru pour le prix de
l'Academie, regardent l'aiman comme un corps compofé de fibres tenduës, élaftiques, & paralleles, agitées
continuellement d'un mouvement très rapide, réci-
proque & ondoyant; ils y ajoutent des valvules.

    U n paffage continu de la matiere magnétique peut
fixer la forme qu'il aura fait prendre aux fibres. C'eft
ainfi que les pelles & les pincettes s'aimanteront naturellement au coin d'une cheminée, où elles y auront
été difpofées par la chaleur à laquelle leur ufage les

expofe; nous pouvons nous-mêmes changer la figure
des fibres, comme lorfque l'on met une verge de fer
non aimantée dans un étau, & qu'on la plie d'un côté
& d'autre ; cela ne fe peut faire fans tirailler fes fibres, & leur faire prendre la difpofition qui convient
au flux magnétique pour fe rendre fenfible, ce qui
fait que la verge eft aimantée dans l'inftant qu'elle eft
caffée. Si elle étoit aimantée avant que d'être pliée,
elle perdroit fa vertu par la même raifon. Les poin-
çons dont on a coupé le fer à froid, acquiérent la
vertu magnétique par une caufe à peu près femblable.
Les grands coups que l'on frappe fur ces inftruments
en font entrer le tranchant dans le fer ; l'effort que
l'on fait faire au poinçon pour divifer le fer, eft commun entre l'un & l'autre : Le poinçon ne peut écarter
les parties du fer entamé fans que les fiennes n'en
foient rapprochées, & les fibres de fes canaux plus
comprimées, & par conféquent plus difficiles à être pé-
nétrées par le flux magnétique. Les barres du fer dont
parle M. *du Fay*, qui rougies au feu, puis laiffées
réfroidir de bout, deviennent aimantées, celles que
l'on aimante, en fe contentant de les frapper fur le
plancher, fur une table, fur le genou & plufieurs expériences femblables, qui ne donnent au fer qu'une vertu
magnétique fort paffagere & extrémement foible, ne
prouvent autre chofe qu'une grande facilité dans les
fibres du fer à s'ébranler & changer de figure, puis
à fe remettre comme des petits refforts, à moins qu'une

force plus grande, ou un long tems ne les ait affermies.

On obferve que dans toutes ces manieres d'aimanter des barres de fer, il faut les laiffer de bout, fans quoi elles perdroient leur vertu dans l'inftant, & que fi on les pofoit horizontalement, elles n'en acquiéreroient aucune. Il paroît encore fingulier que ce foit toujours la partie inférieure de ces barres qui s'aimante, & en fait le Nord. Je ne chercherai point à expliquer ces petits myftéres, qui font fans doute des fuites de la maniere dont le courant magnétique enfile les canaux du fer, ce que nous ignorons encore.

La croix du clocher de Chartres, celle d'Aix, la barre des cloches de Marfeilles, & tous ces autres exemples de barres de fer aimantées pour avoir été enfermées & fcellées dans la pierre pendant longues années, tirent leur vertu magnétique d'une autre origine. Dans tous ces cas, une partie du fer eft en plein air, & l'autre cachée dans la pierre; c'eft toujours la partie cachée qui devient aimant, parce que la rouille qu'elle contracte eft une diffolution du fer en parties extrémement fines, qui fe détachent & tombent dans les canaux du fer, & en rend le paffage plus difficile au courant magnétique, & par cela même plus propre aux differents effets qu'il produit. On fait une objection à ce fujet, on demande pourquoi nous ne trouvons pas de ces fers rouillés & aimantés dans les ruines de nos maifons & dans la terre? Je

crois

crois que l'on peut répondre : Que les vents & le fon des cloches caufent dans ces barres des ébranlemens qui occafionnent la chutte de cette pouffiere ferrugineufe, ce qui n'arrive point dans des fers enterrés, & dans ceux qui font fcellés dans nos murs, où ils ne font fujets à aucune émotion ni ébranlement.

LA vertu de l'aiman dans les lames aimantées, croît par l'exercice beaucoup plus que l'on ne penfe. J'en ai fait fouvent l'épreuve. Je l'ai faite fur des aimans artificiels, en les chargeant peu à peu pendant plufieurs jours de fuite, & quelquefois en obfervant de leur laiffer plufieurs jours de repos, puis revenant à la charge. Ma derniere expérience, commencée depuis le mois de Novembre de l'année paffée, dure encore. Je la fais fur un aiman artificiel conftruit fur les Principes de Mr. *Brackenhoffer.* Cet aiman Planche 7. Fig. 3. qui ne péfe que deux livres & demie, & qui a été aimanté avec une pierre qui ne porte que trois livres, portoit dans fon origine huit livres avec peine, & fans avoir pû lui en faire porter davantage ; mais après lui avoir laiffé quelques jours de repos, je l'ai chargé de nouveau & conduit, en y ajoutant tantôt une once, puis une demie once, puis un peu moins, j'ufqu'à porter préfentement dix livres & demie, & peut-être ne fuis-je pas au bout.

CETTE expérience qui prouve combien la force

E

de l'aiman peut être augmentée par l'exercice feul,
nous découvre affez clairement la Méchanique inté-
rieure de l'aiman : car fi les fibres du fer font des
corps fouples & plians, comme on le fuppofe, que
le paffage continu de la matiere magnétique force à
prendre une certaine difpofition, l'on comprend que
ces fibres, qui ne font que des refforts, peuvent
étant ménagés & conduits doucement, parvenir à porter un plus grand poids, que fi on les chargeoit d'abord
trop brufquement de tout celui que l'on veut qu'ils
portent. C'eft ce que nous expérimentons nous-mêmes fur nos corps, lorfque nous les accoûtumons peu
à peu à porter des fardeaux de plus lourds en plus
lourds, & tels qu'il fe trouve à la fin que nous ne les
aurions pas portés en commençant de nous en charger.

On peut démontrer encore par cette expérience,
pourquoi la vertu magnétique fe perd lorfque l'on
ne tient pas l'aiman dans un exercice continuel. On
en conclura que cette déperdition provient de l'in-
clination que ces petits refforts, abandonnés à eux-
mêmes, ont à reprendre leur premier état.

Je doute qu'une pierre d'aiman puiffe augmenter
de force autant que les lames aimantées, en la chargeant de la même maniere. Je n'ai pas eu le tems
d'en faire des expériences fuffifamment réïterées ; mais
je fonde mon doute fur ce que je penfe que la pierre
d'aiman, étant en partie métallique, en partie miné-
rale, a des fibres plus roides que celles du fer, & qui

ne peuvent fe prêter avec autant de facilité aux efforts du flux magnétique, & des poids dont on les
charge.

COMME nous ne voyons que du repos dans tous
les corps que l'aiman tient attachés, & dans ceux qu'il
tourne, & retient comme l'aiguile de la bouffole dans
la ligne de direction que fuit le flux magnétique, j'ai
cherché à voir ce qui arriveroit à un corps qui en feroit attiré ou repouffé, s'il pouvoit pendre librement
au milieu d'un courant magnétique, fans toucher à
l'aiman. L'expérience dont je vais rendre compte
m'a appris que dans ces deux cas, il eft dans un mouvement perpetuel. L'aiman artificiel, dont j'ai parlé cy-
deffus, eft celui dont on voit la figure Planche ~~IIII~~ 7.
Fig. 3. il eft compofé de deux faiffeaux Let. *A A*,
compofés chacun de trois lames d'acier aimantées, po-
fés parallelement, féparés l'un de l'autre & liés à
l'extrémité fupérieure par un morceau de fer doux,
tourné en cintre *B*, qui fert de communication à la
matiere magnétique pour paffer de l'un dans l'autre:
D eft un lien de cuivre. Cet aiman eft fufpendu à
une folive de mon plancher en *C*; à côté du point
de fufpenfion, j'ai attaché un fil de foye *E*, au bas
duquel pend une petite lame d'acier, taillée en
triangle *F*, qui ne pefe que deux grains: cette petite
lame auroit dû tomber à plomb à quelque diftance

E ij

du sommet des lames qu'elle regarde ; mais l'on voit
ici qu'elle a été tirée hors de sa perpendiculaire par
le courant du flux magnétique qui l'entraîne. Ce courant sort des lames en circulant comme celui que l'on
peut voir Planche 5. Fig.¹ 4. Let. *A.* Or les deux
Poles, celui de la petite lame & celui de l'aiman, sont
des Poles de différent nom qui doivent produire cet
effet, qui est celui de l'attraction. Pendant tout le
tems que j'ai continué cette expérience, qui a été de
plusieurs semaines, la lame triangulaire n'est point
sortie de la sphère magnétique, & a été continuellement agitée d'un mouvement pareil à celui d'un corps
plat qui seroit suspendu sur la surface d'une eau cou-
rante. J'ai suspendu de la même manière & de l'autre côté en *G* un second fil de soye, au bas duquel
étoit attachée une petite aiguille à coudre *H*, dont la
pointe étoit chargée d'une petite boule de cire, &
descendoit un peu plus bas que le sommet de ce second paquet de lames. La pointe de cette aiguille,
& le sommet des lames se regardoient par leurs Poles
du même nom, ce qui produisit une répulsion qui
chassoit l'aiguille en dehors, où le souffle magnétique
l'a soutenuë pendant le même espace de tems, sans lui
permettre d'approcher de l'aiman, mais l'en tenoit
écartée & dans un balancement continuel, semblable à
celui d'un pendule. Il est vrai que tous ces mouvemens, quoique très sensibles, sont foibles, paroissent
mal réglés, & même sujets à des bouffées, comme nos

vents. Il feroit curieux de fçavoir fi, comme nos
vents, ce fluide ne feroit point auffi fujet à de légeres
tempêtes. N'en feroit-ce pas une, par exemple, qui
dérangea fi fort les bouffoles du Chevalier *Ellis* dans
la Baye d'Hudfon ? comme on le verra à la fin de ces
obfervations. Au refte je fuis perfuadé que ces expériences répétées & bien fuivies, pourroient donner lieu
à de nouvelles découvertes, & à des réfléxions utiles
pour parvenir à la connoiffance de cette vertu occulte
que nous avons un fi grand intérêt de connoître.

JE dois prévenir contre un doute que l'on pourroit
former fur cette expérience. On eft en droit de
foupçonner que les mouvemens d'un corps fufpendu
& auffi léger que notre petite lame, qui ne péfe que
deux grains, ne font qu'un effet de l'air qui circule
dans les chambres, même les mieux clofes ; mais il eft
aifé de s'en affurer en pendant un poids pareil, à
quelque diftance & hors de l'atmosphère de l'aiman.
La difference que l'on verra dans les mouvemens de
ces deux poids, fera connoître facilement celui qui
eft produit par le fouffle magnétique, & celui que la
circulation de l'air occafionne.

EN faifant les expériences cy-deffus, j'ai été conduit à la découverte d'une proprieté de la lumiere fur
le flux magnétique, laquelle m'a fait voir qu'une vive
lumiere combat, & trouble le cours de ce fluide.
Voici comment je m'en fuis apperçû. M'étant approché un foir avec une bougie de ma petite lame trian-

gulaire pour obferver fes mouvemens , ils me paru-
rent plus forts & plus vifs que ceux que j'avois vûs
pendant le jour. Pendant quelques momens j'éloignai
& rapprochai alternativement ma lumiere ; ces differentes diftances mettoient auffi une difference dans la
vivacité avec laquelle la lame étoit tourmentée.   Je
doutai d'abord fi la chaleur de la flamme n'en feroit
point la caufe. Pour éclaircir ce fait, j'interpofai un
grand verre lenticulaire entre la bougie & la lame , &
j'éloignai la bougie jufqu'à ce que j'euffe fait tomber
fûr la lame le cône de lumiere que le verre lenticulaire avoit formé , & que l'on fçait n'avoir aucune
chaleur fenfible.   Alors la lame fut pouffée avec vivacité , à droite , à gauche , de tous les fens, quelquefois jufqu'à piroüetter , comme un corps léger dont le
vent fe joue. Mr. *Brackenhoffer* qui s'étoit déja douté
que la lumiere devoit avoir des démêlés avec la matiere magnétique vit celui-ci avec plaifir.

La queftion la plus curieufe que l'on fait ordinairement fur l'aiman, eft au fujet de fon attraction.
Comment concevoir, & expliquer la force prodigieufe
avec laquelle cette matiere, qui n'eft qu'un fouffle in-
vifible, attire & foutient des poids confidérables ? par
quelle méchanique certains aimans portent 40. & 50.
livres ? comment un filet de matiere fubtile a-t'il en
lui-même la force d'un bras nerveux , & l'exerce fur

des corps pefans fans le fecours de forces étrangeres?
Pour réfoudre cette difficulté, il faut convenir auparavant de ce que l'on entend par attraction, ce terme
renouvellé des Grecs, & qui n'offre aucune idée claire
à moins que l'on ne s'explique. Si l'on entend par
attraction, une puiffance inconnuë & cachée, qui fait,
l'on ne fçait comment, qu'un corps s'avance vers
un autre, ou une fympathie qui force deux corps à
s'unir ; ce n'eft pas ce que j'entends par attraction, je
ne ferois que fubftituer des ténébres à d'autres. Mais
fi l'on veut dire que c'eft une puiffance en action, qui
embraffe un corps & le contraint à s'avancer vers un
autre, mes yeux & mon efprit font accoûtumés à le
voir, & je la cherche dans le flux magnétique & dans
les differentes manieres dont il arrange les parcelles ferrugineufes que l'on lui préfente. Lorfqu'un bateau
eft pouffé par le courant de l'eau vers les arches d'un
pont, je ne m'avife pas de dire que ce bateau eft attiré par le pont, puifque je vois la puiffance qui le
pouffe : il en eft de même ici. On convient que la
matiere magnétique eft un fluide qui coule continuellement. Je vois le fer conduit & placé par ce fluide,
mais je ne vois en cela qu'un corps environné d'un
tourbillon de matiere qui l'entraîne avec lui, & nulle
apparence de ce qu'on appelle attraction, dans le fens
que l'on l'entend ordinairement. Si le corps mû étoit
faifi par la furface feulement qu'il préfente à l'aiman,
on pourroit dire alors qu'il eft attiré ; mais d'abord

qu'il eſt environné, comme nous le voyons dans les Planches, de la matiere qui l'emporte & le ſoutient, la véritable expreſſion ſeroit de dire, qu'il eſt emporté & ſoutenu ; & le terme d'attirer, & d'attraction ne peut être entendu ici que dans ce ſens. Si je m'en ſers, ce n'eſt, à l'exemple de Mr. *Newton*, que pour déſigner par un terme uſité, un fait & non point une cauſe.

QUANT à cette force prodigieuſe qui lui fait vaincre les efforts de la peſanteur, il me ſemble que l'on ne l'admire pas encore aſſez. Nous nous faiſons une grande idée des forces de l'air mis en mouvement ſur toutes les voiles d'un vaiſſeau de 80. pieces de Canon, qui fend avec rapidité un volume d'eau prodigieux, parce que ces voiles lui préſentent pluſieurs centaines de pieds de ſurface ; mais quelle force ne faudroit-il pas à ce même vent pour enlever de terre un cube de fer de 40. livres, dont il n'auroit qu'une ſurface égale à celle de ce cube. Voilà où doit ſe fixer notre étonnement, & ce qui doit nous convaincre de la force prodigieuſe du flux magnétique contre les corps qui lui réſiſtent. Au reſte nous portons tous en nous-mêmes un exemple encore plus frappant & plus admirable de ce que peut une matiere inviſible, & peut-être auſſi déliée que celle de l'aiman ; c'eſt cette vapeur légere, que l'on appelle eſprits animaux, qui enfle nos muſcles & les rend capables d'enlever des poids bien plus conſidérables que tous ceux que l'aiman peut ſoutenir.

L'agent

L'agent qui la pouffe eft notre volonté, celui de la matiere magnétique eft fon courant. Les Phyficiens fçavent quelle eft la puiffance du courant des fluides.

LA déclinaifon de l'aiguille aimantée ne me fournit qu'un mot à dire à fon fujet. Concevant la matiere magnétique comme un fluide qui circule au tour de la terre, je conçois en même tems que ce fluide peut avoir, ainfi que nos mers un flux & reflux de l'Eft à l'Oueft, qui caufe ce qu'on appelle déclinaifon, & qui fera fi l'on veut l'effet des differentes caufes que les Philofophes ont imaginées ; mais je n'en conclurai point comme plufieurs ont fait, que les Poles magnétiques de la terre changent de place ; nous n'avons point été affez près des Poles, & nous n'irons apparemment jamais, pour affirmer que tous ces differens courans, qui font détournés dans leur chemin, ne fe raffemblent pas, ou ne partent pas toujours d'un Pole fixe. C'eft une licence philofophique qui me paroit inutilement hazardée, que de déplacer & replacer à fon gré les fources d'un fluide dont on ne connoit pas l'origine.

POURQUOI l'acier a-t'il befoin d'être aimanté, fi, comme je l'ai avancé, la denfité lui fuffit pour avoir la vertu attractive ? l'acier qui n'eft point aimanté n'a

F

que les difpofitions néceffaires pour devenir aiman :
mais il manque aux filets magnétiques qui font enga-
gés dans fes canaux, cette force qui leur donne la
puiffance de vaincre les embarras que leur oppofe la
ténuité, ou l'irrégularité de leurs fibres ; & c'eft ce
qu'ils reçoivent de la communication d'un aiman, ou
d'un acier qui l'a déja acquife.

L'a maniere d'armer une pierre d'aiman peut être
regardée comme un des faits des plus finguliers de
cette partie de la Phyfique.　Il n'eft pas probable que
l'on ait trouvé d'abord celle dont on fe fert préfentement, on n'avoit originairement aucun principe fur
cette matiere, & peut-être n'en a-t'on pas encore de
bien certain pour connoître ce qu'il y a de mieux à
faire pour y réuffir parfaitement.　Les premiers in-
venteurs durent fe trouver long-tems embarraffés, car
il n'étoit pas naturel de croire qu'on pût augmenter la
force de l'aiman en épaiffiffant fon volume de lames
de fer, qui n'ayant aucune vertu magnétique, ne pou-
voient que partager la fienne fans lui en rendre : là
raifon ne pouvoit pas permettre de le penfer.　Il
fallut donc s'abandonner au hazard, & chercher dans
des tàtonnemens réiterés ce qui fe préfenteroit de
meilleur.　L'expérience apprit que ce qu'on auroit
cru impoffible, étoit le feul moyen d'y parvenir.　On
reconnut que des lames de fer non aimantées & ap-

pliquées fur les Poles d'un aiman, en augmentoient la
force & même affez confidérablement. Lorfqu'on s'eft
mis à en chercher la caufe, ce fut alors qu'on imagina
de dire que la matiere magnétique paffe avec plus de
facilité & d'abondance dans l'aiman, que dans le fer
non aimanté. Nous avons fait voir plus haut combien ce fentiment eft contraire à la raifon. Mais
pour y fubftituer quelque chofe de vraifemblable, je
dirai ce que je penfe, fans prétendre dire une chofe
décidée, n'ayant fur cela que la vûë de la Planche IX.
Fig. 1. qui me montre que toute la vertu magnétique part des deux pieds de l'armure ; Je conçois
donc que fi les armures étoient d'un acier égal en
force à l'aiman, toutes ces pieces réunies ne feroient
que l'effet d'un aiman non armé qui agit également
par toutes fes furfaces ; mais pour empêcher que
cette matiere ne s'échappe trop brufquement par les
côtés, on accole à la pierre d'aiman deux lames de
fer doux, que l'on appelle armures, un peu plus longues que la pierre, lefquelles étant des corps fpon-
gieux, comparés à l'aiman & à l'acier, reçoivent toute
la force du courant magnétique qui fort de l'aiman,
& qui eft conduite par les canaux du fer au pied des
armures.

C'EST une proprieté bien finguliere du flux magnétique, que celle qui fe voit dans plufieurs de nos

Planches, & fur tout dans la Planche III. Fig. 1. & 2.
c'eſt que deux rayons de cette matiere partant de
deux aimans differens par leurs Poles de different nom
Fig. 1. ſe mêlent à leur rencontre, ſe lient & joignent
leurs forces pour agir de concert, comme feroient deux
parties d'un même corps, & homogenes : mais s'ils
s'approchent par leurs Poles du même nom Fig. 2.
ils ne ſe connoiſſent plus, ils s'applatiſſent l'un contre
l'autre, & ſe repouſſent comme des corps étrangers
qui n'auroient aucun rapport entre eux, quoiqu'il n'y
ait pas d'apparence qu'ils ayent changé de nature pour
avoir paſſé l'un à droite, l'autre à gauche.   Nous
voyons par toutes les expériences, que la matiere
magnétique ſort d'une lame aimantée plus longue que
large, par les extrémités du plus long axe Planche IV.
Fig. 1. Let. *A A*, & que les tourbillons de cette matiere ſe forment aux extrémités du plus court, même
Fig. Let. *B B*. On voit de plus que la limaille qui
s'aſſemble vers les angles, s'amaſſe toujours en plus
grande quantité aux deux bouts, qu'elle diminue en
approchant du milieu, & qu'il n'en paroît plus vis-à-
vis des tourbillons *B B* ; ce qui me porte à croire que
ces tourbillons ſont le foyer de la matiere magnétique,
& que c'eſt par là qu'elle s'efforce d'entrer pour ſe ré-
pandre dans le corps de l'aiman, & ſortir par l'un &
l'autre bout.   Je ſçais que ce ſentiment eſt bien contraire à celui qui eſt généralement reçû, qui eſt que
la matiere magnétique entre par un côté & ſort par

l'autre ; mais je sçais aussi que ce dernier sentiment n'est point à l'abri de toute contradiction, ni soutenu par des expériences du genre de celles qui lévent toutes sortes de doutes : nos tourbillons ne font certainement point un effet du hazard, ils ont un emploi que je présume être celui que je leur attribue. Mais en ce cas, comme dans les autres, comment se peut-il faire qu'un fluide, qui sans doute est homogene, & qui coule par des canaux semblables entre eux, soit si different de lui - même, que d'un côté il attire l'aiguille de la boussole, & que de l'autre il la repousse.

Voici encore une difficulté. On passe le Pole Nord d'une pierre d'aiman sur une lame d'acier pour lui communiquer la vertu magnétique, c'est - à - dire faire couler la vertu magnétique dans ses canaux ; l'extrémité de cette lame, par laquelle on commencera le frottement, recevra un Pole semblable à celui qui la frotte ; il en sera de même si c'est le Pole Sud ; cependant la matiere magnétique n'entrera ni par l'une ni par l'autre extrémité, mais par le milieu.

Je viens de dire qu'il est probable que les tourbillons qui se forment au tour des aimans, marquent l'entrée de la matiere magnétique ; l'expérience suivante me confirme dans ce sentiment. Lorsque l'on a posé une de nos lames sur la table, que l'on la couvre d'un papier & que l'on seme sur ce papier de la limaille, si l'on tire ensuite ce papier doucement &

en traînant de droite à gauche, puis de gauche à droite, on voit qu'à mesure que le papier passe sur les bords de la lame, les paillettes ferrugineuses se redressent comme les poils d'un velours, mais que celles qui sont au dessus du tourbillon ne donnent aucune marque de sentiment ; d'où il me paroît concluant, que la matiere magnétique ne transpire point par cet endroit, & conséquemment que c'est celui par lequel elle entre. J'ai été depuis confirmé dans ce sentiment par une expérience, dont j'ai donné le détail dans l'explication de la XV. Planche. C'est une regle générale que les aimans attirent peu, & ne portent presque rien par leurs tourbillons.

Quoique j'établisse mon sentiment de l'entrée du fluide magnétique par les tourbillons sur des preuves qui m'ont entraîné, j'avouerai cependant qu'elles n'ont point paru assez convaincantes à quelques personnes, & je ne dissimulerai point que je ne les crois pas moi-même sans repliques, & que l'on peut encore douter si le fluide entre par un des bouts pour sortir par l'autre, ou s'il entre par les deux bouts en même tems pour sortir par le milieu, ou par le milieu pour sortir par les deux bouts ; ou enfin si ces courans sortent du fer, ou s'ils y entrent. Quant à ce dernier article, je le crois nul, puisque le fluide ne peut sortir du fer qu'il ne soit sur le champ remplacé, ce qui suppose toujours une entrée & une sortie. A l'égard des autres, dont nos Planches ne donnent point une idée entiérement fatisfaifante, je conviens que quelques expériences que j'aye faites à ce fujet, aucune ne m'a fourni de meilleures preuves que celles que j'ai alléguées. J'aurois voulu trouver de ces faits clairs & décififs ; je laiffe l'honneur de cette découverte à quelqu'un qui fera plus heureux que moi. Je crois que fi on la trouve, tous les Phénomènes de l'aiman feront bientôt expliqués.

QUELQUES Philofophes qui avoient apperçus ces tourbillons, ont cru qu'ils étoient un effet de quelques nœuds qui fe trouvoient dans l'aiman, ou dans le fer, comme on en voit dans le bois, lefquels caufoient des obftructions, qui détournoient le cours du fluide magnétique. Nos expériences décident la queftion, & fur tout celle de la Planche IV. Fig. 2. Avant que j'euffe appliqué contre la lame verticale celle qui eft marquée *A*, le tourbillon occupoit fa place ordinaire ; mais auffitôt que j'en eus approché cette lame *A*, le tourbillon eft remonté plus haut à l'endroit marqué *C*. Si donc ce tourbillon eft mobile, & obéit à l'impulfion d'un autre aiman, il n'eft point l'effet des nœuds qui pourroient fe trouver dans le fer, ou dans l'aiman. Or cette tranfpofition des tourbillons, dont on trouve plufieurs exemples dans nos expériences, eft encore un effet bien remarquable, & qui pourroit contribuer à prouver qu'ils font le foyer de la matiere magnétique.

LA Planche V. Fig. 2. peut fournir encore matiere à réfléxion. On y voit deux lames femblables, féparées par une petite lame de bois (ce font celles de Mr. *Knigt*) qui fupportent enfemble par chacun de leurs bouts un petit parallépipéde de fer doux. La matiere magnétique fort en fe courbant par les deux Poles de l'une des lames *A A*, & en rayons droits par les deux Poles de l'autre lame *B B*, quoique les Poles contraires étant vis-à-vis l'un de l'autre, on auroit dû croire qu'ils fe feroient embraffés comme dans la Fig. 1. de la même Planche. Malgré cette difference, l'une & l'autre attirent d'une force égale le fer qu'elles fupportent. La barre de bois n'eft pour rien dans cette expérience ; quand elle n'y feroit point, les chofes fe paf-feroient encore de la même maniere.

LA Planche I. Fig. 1. & 2. donne lieu de demander quelle eft la force, qui contraint le flux magnétique à fe courber en arc pour lier ces deux lames. On ne dira plus que c'eft l'air , puifque l'on fçait que la même chofe arrive dans la machine du vuide : il n'eft plus queftion aujourd'hui de fympathie, d'antipathie, ni d'attraction *in fenfu obvio.* Seroit-ce la matiere fubtile ? mais dans ce cas elle devroit agir de tous les côtés de l'aiman de la même maniere. De plus ce fluide

fort-

fort-il des deux lames à la fois, ou paſſe-t'il de l'une
dans l'autre? voilà ce que la figure ne peut appren-
dre, & qu'on ne peut attendre que de l'expérience.

IL y auroit beaucoup d'autres expériences à faire,
dont la matiere que nous traitons feroit bien digne.
Par exemple, celle de porter fur le fommet de quelque
montagne une pierre d'aiman, & d'examiner ſi la matiere magnétique y a plus ou moins de force que dans
les lieux bas; quelle eſt l'élevation de ſon atmoſphère;
c'eſt-à-dire de faire fur l'aiman les mêmes expériences
que l'on a faites fur le Baromètre, lorſque l'on a voulu
connoître le poids de l'air. Une autre expérience,
dont on pourroit encore tirer des lumieres, feroit celle
de tranſporter un aiman de l'Équateur vers les Cercles
polaires, & voir s'il y peut porter par tout le même
poids; d'où l'on pourroit juger ſi la matiere magnétique eſt foumiſe aux loix de la peſanteur.

MR. *Henry Ellis* Gentilhomme Anglois, auquel
nous ſommes redevables d'un curieux voyage à la Baye
d'Hudſon, rapporte qu'étant au fond de cette Baye,
& au travers des Isles qui font au nord du Fort Nelſon,
toutes les aiguilles des bouſſoles de la flotte fe dérou-
terent, l'une marquant une direction, l'autre une autre,
& reſtant peu de tems dans la même poſition, ce qui
mit l'Équipage dans un fort grand embarras. Si dans

G

cette fituation ce Gentilhomme eût eu connoiffance de nos expériences, & qu'il les eût faites fur ces aiguilles folles, comme les appellent les marins, il auroit pû nous dire de quelle maniere la poudre ferrugineufe fe feroit arrangée pendant cette bourrafque, & fi effectivement fon dérangement venoit de la part du flux magnétique, ou de quelqu'autre caufe ; fi la chaleur qui les rétablit, changea quelque chofe dans l'arrangement de la limaille. Cette aventure n'étant point unique, puifqu'il s'en eft trouvé plufieurs fois de pareilles, & d'ailleurs étant d'une très grande conféquence pour le falut des navigateurs, elle eft auffi de celles dont il eft bien important de connoitre les caufes.

On ne voit dans aucune des pofitions où j'ai mis mes aimans, ce tourbillon que l'on a toujours fuppofé fe former au tour d'un aiman, l'environner tout entier, & que l'on a imaginé femblable à celui dont j'ai donné la figure Planche IX. Fig. 4. lequel a été conftamment adopté jufqu'à préfent par de très grands Philofophes, *Gilbert, Harfœker, Muffchenbrock,* &c. En dernier lieu Mrs. *Huller, Bernoulli, du Tour,* nous ont donné de fçavantes Differtations fur l'aiman, où la Méchanique, la Géometrie, & une grande connoiffance de la nature font employées pour établir differens fyftèmes, qui fe préfentent tous avec cet air de confiance que les Mathématiques infpirent : cependant tous ces fyftèmes different entre eux ; l'un n'eſt pas l'autre : & ſi l'on compare les deſſins de nos Planches tracés par la nature même, avec ceux qui ſe trouvent dans les ouvrages de ces Sçavants, & ſur leſquels ils ont fondé leurs differens ſentimens, on y verra ſouvent une très grande difference ; on en trouvera même pluſieurs qui ne leur ont pas été connus. Or ſi les fondemens ſur leſquels ces Sçavants ont établi leurs ſyſtèmes ſont très douteux, ſi d'ailleurs nos tableaux magnétiques ſont la vérité même rendue viſible, je penſe qu'on aura toujours lieu de regarder comme ſuſpect tout ſyſtème qui ne rendra pas une raiſon exacte des differentes infléxions du flux magnétique telles que nous les avons repréſentées, & de cette vertu que le peuple appelle Antipathie & Sympathie dans ce même fluide ſuivant certaines poſitions. Seroit-ce donc une témérité de dire que c'eſt une étude à recommencer tout de nouveau que celle de la Théorie de l'aiman ? J'avouerai que je le penſe ainſi, en ſoumettant néanmoins mon jugement à celui du Public.

MALGRÉ les difficultés que j'ai expoſées dans les réfléxions précédentes, & qui paroiſſent devoir arrêter le progrès de nos connoiſſances ſur les vertus de l'aiman, j'ai lieu de croire que le tems n'eſt pas éloigné où nous verrons enfin tirer le rideau, qui nous cache depuis tant de ſiécles les myſtéres de cette pierre merveilleuſe. On peut dire que le ſiécle où nous vivons eſt véritablement celui de la Phyſique expérimentale : on n'a jamais tant étudié, & avec plus de ſuccès cette partie de la Philoſophie. La connoiſſance de la nature eſt aujourd'hui la paſſion à la mode ; on dit que le goût que les Dames y prennent n'y a pas peu contribué. Après les Phénomènes de l'électricité, qui ont tant occupé les Philoſophes & le peuple même, les Anglois nous ont réveillés ſur ceux de l'aiman : on apprend de bien des endroits les progrès que divers Sçavants y font, tant dans cette Iſle, que parmi nous. Un de mes amis, * homme auſſi recommandable par ſa capacité, que par une rare modeſtie qui en fait l'ornement, travaille avec un très grand ſuccès ſur les aimans artificiels : J'en poſſede un actuellement de ſa compoſition, qui ne peſe qu'une livre & demie & en porte douze ; ce Sçavant voit jour à porter encore plus loin la force de cette vertu ; car il n'y procéde point par des tàtonnemens aveugles ; Il ſe conduit dans cette recherche par des vuës éclairées, & fondées ſur des principes tirés d'une grande connoiſſance du flux magnétique. Cet ami qui veut bien que l'on ſçache que mes deſſins lui ont donné une partie des lumieres qui l'ont conduit dans cette route ténébreuſe, compte de faire part inceſſamment au Public de ſes découvertes dans la Théorie de l'aiman, en publiant la maniere de faire ſans beaucoup de peine & de frais les meilleurs aimans artificiels.

F I N.

* Mr. Brackenhoffer Profeſſeur de Mathématique dans l'Univerſité de Strasbourg, & de l'Ecole d'Artillerie.

AVERTISSEMENT.

DEpuis l'impreſſion de ce Livre, j'ai fait faire pluſieurs deſſins, dont j'aurois pû augmenter le nombre des Planches que l'on voit ici ; tels ſont ceux qui repréſentent le jeu prodigieuſement varié de la matiere magnétique autour de pluſieurs anneaux de fer ; celui qui réſulte de l'échancrure faite dans une pierre d'aiman, & qui lui fait acquerir quatre poles contigus, au lieu de deux qu'elle avoit auparavant ; celui des aimans artificiels, & quelques autres. Mais j'ai jugé à propos de ſuſpendre la dépenſe dans laquelle la gravure de ces nouveaux deſſins m'auroit engagé, juſqu'à ce que j'euſſe vû de quelle façon ceux que je préſente ici ſeront re-çûs du Public : s'ils ont le bonheur de plaire, & qu'on les juge utiles pour le progrès de nos connoiſſances, ils ſeront bientôt ſuivis de ceux qui ſont en état d'être livrés au Burin.

APPROBATION.

J'Ai lû la préſente Deſcription des Courants Magnétiques accompagnés de leurs Planches, & je n'y ai rien trouvé qui puiſſe en empêcher l'impreſſion. A Strasbourg ce 3. Avril 1753.

RISHOFFER, Ammeſtre.

ERRATA.

Page 4. Ligne 18. toutes fondées, *effacez* toutes.
Page 7. Ligne 5. matiere magnétiques *mettez* magnétique.
Page 13. Ligne 8. Lettres *A A*, *mettez* a a.
Page 21. Ligne 1. par les deux bout, *mettez* bouts.
Page 31. Ligne 1. expoſe ; *ponctuez* expoſe.
　　Ibid. Ligne 19. les barres du fer, *mettez* de fer.
Page 33. Ligne 16. Planche XIV. *mettez* Planche VII.
Page 35. Ligne 14. Planche XIV. *mettez* Planche VII.
Page 36. Ligne 5. Fig. 2. *mettez* Fig. 1.
Page 50. Ligne 18. Pl. IX. *mettez* X.

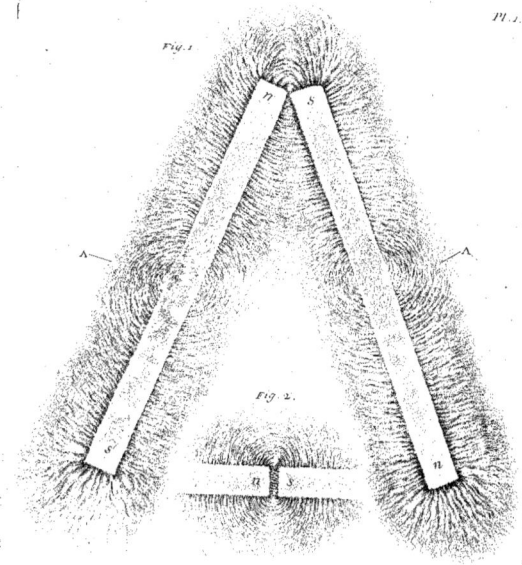

Fig. 1.

Pl. 1.

A.   A.

Fig. 2.

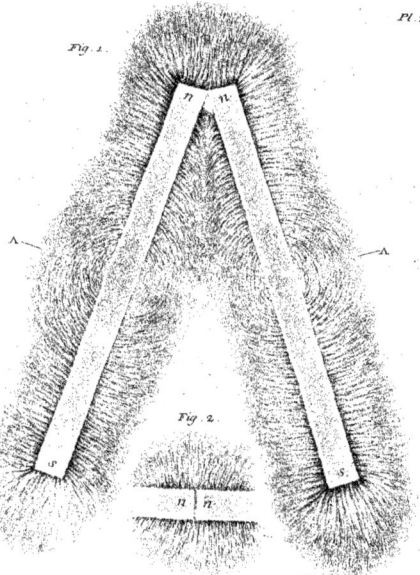

Pl. 2.

Fig. 1.

A

A

Fig. 2.

n n

n n.

S

S

J. Schuster del. et f.

Fig. 1.

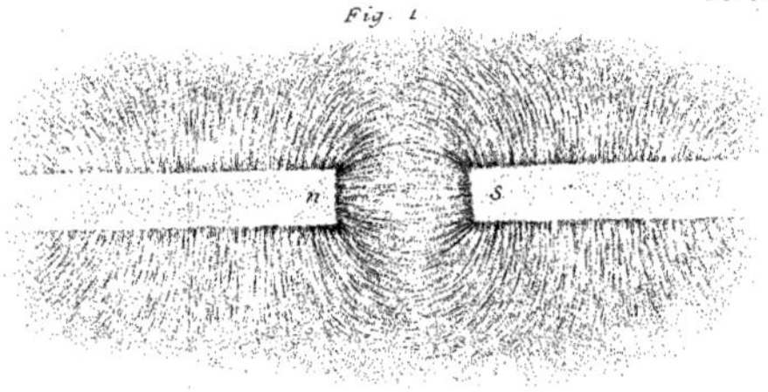

Tf. 3.

Fig. 2.

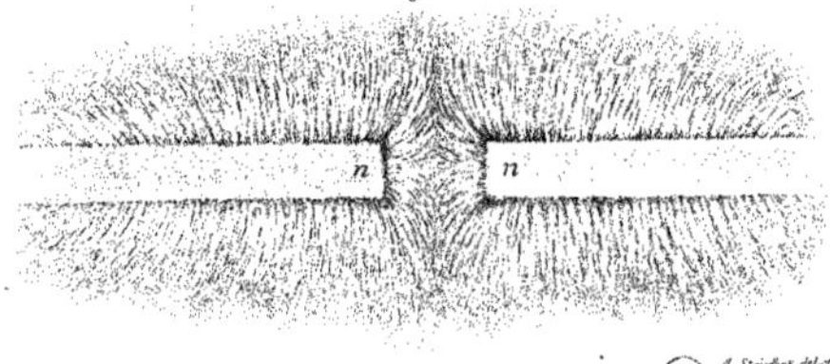

A. Steindran del et sc.

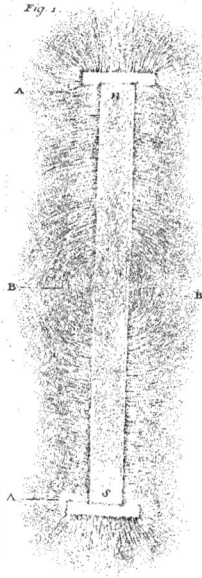

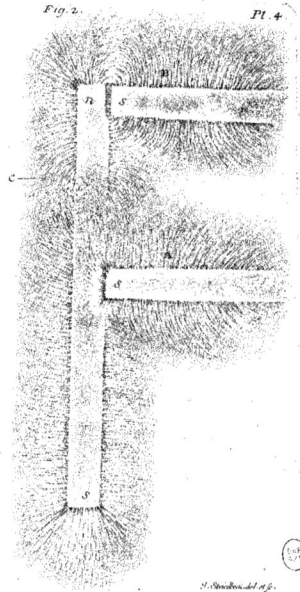

Fig. 1.

Fig. 2.

Pl. 4.

J. Strackbein del. et sc.

Pl. 5.

Fig. 1

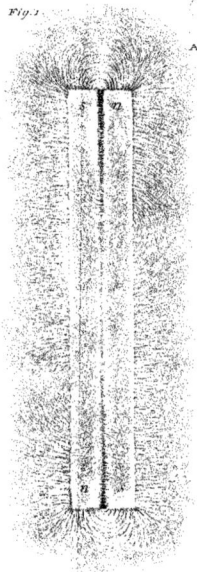

Fig. 2.

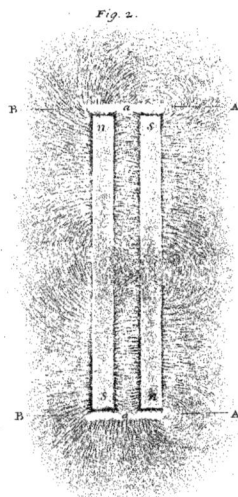

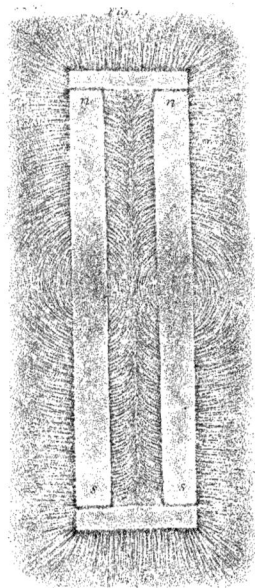

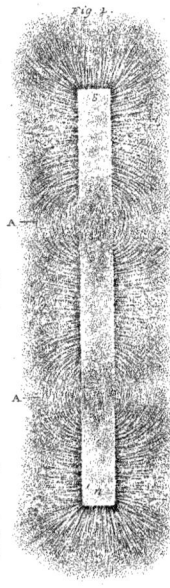

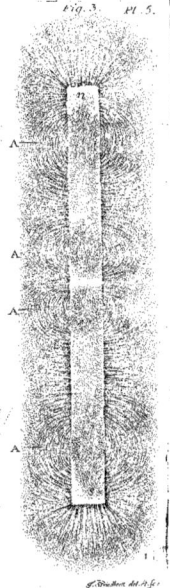

Fig. 5. Fig. 4. Fig. 3. Pl. 5.

Fig. 1.   Fig. 3.   Fig. 2.   Pl. 7.

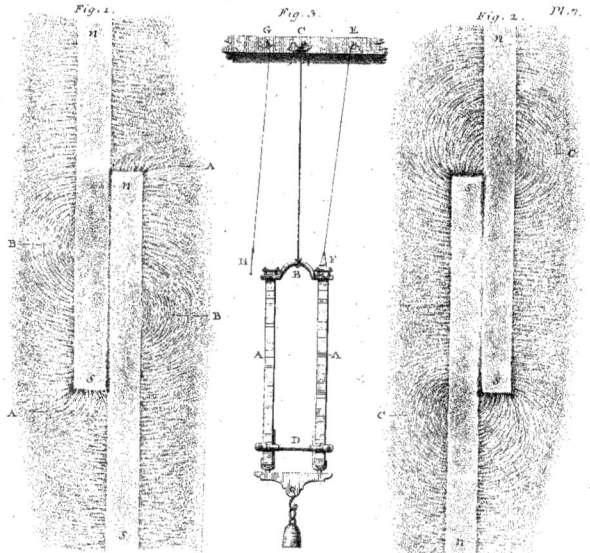

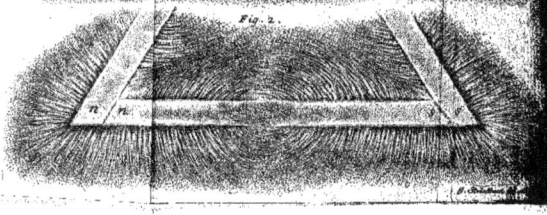

Pl. 8.

Fig. 1.

Fig. 2.

n n

Fig. 1.

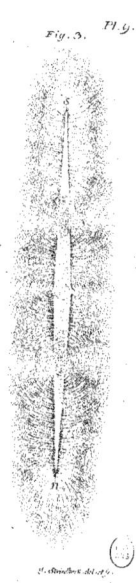

Fig. 3.

Pl. 9.

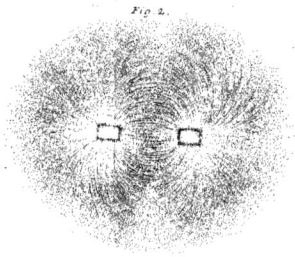

Fig. 2.

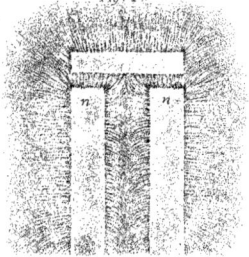

Fig. 1.

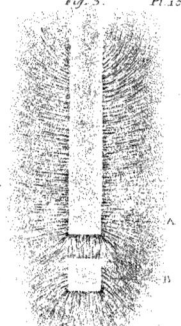

Fig. 3. Pl. 10.

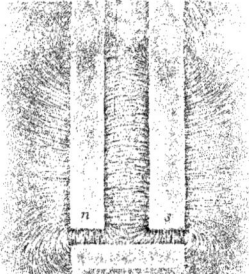

Fig. 2.

Fig. 4.

Pl. 11.

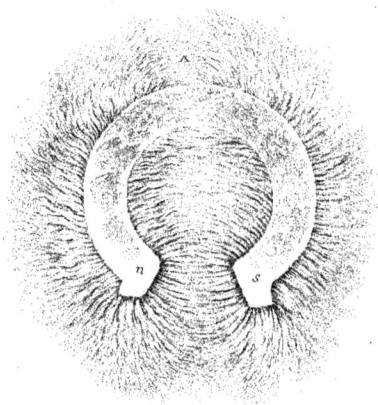

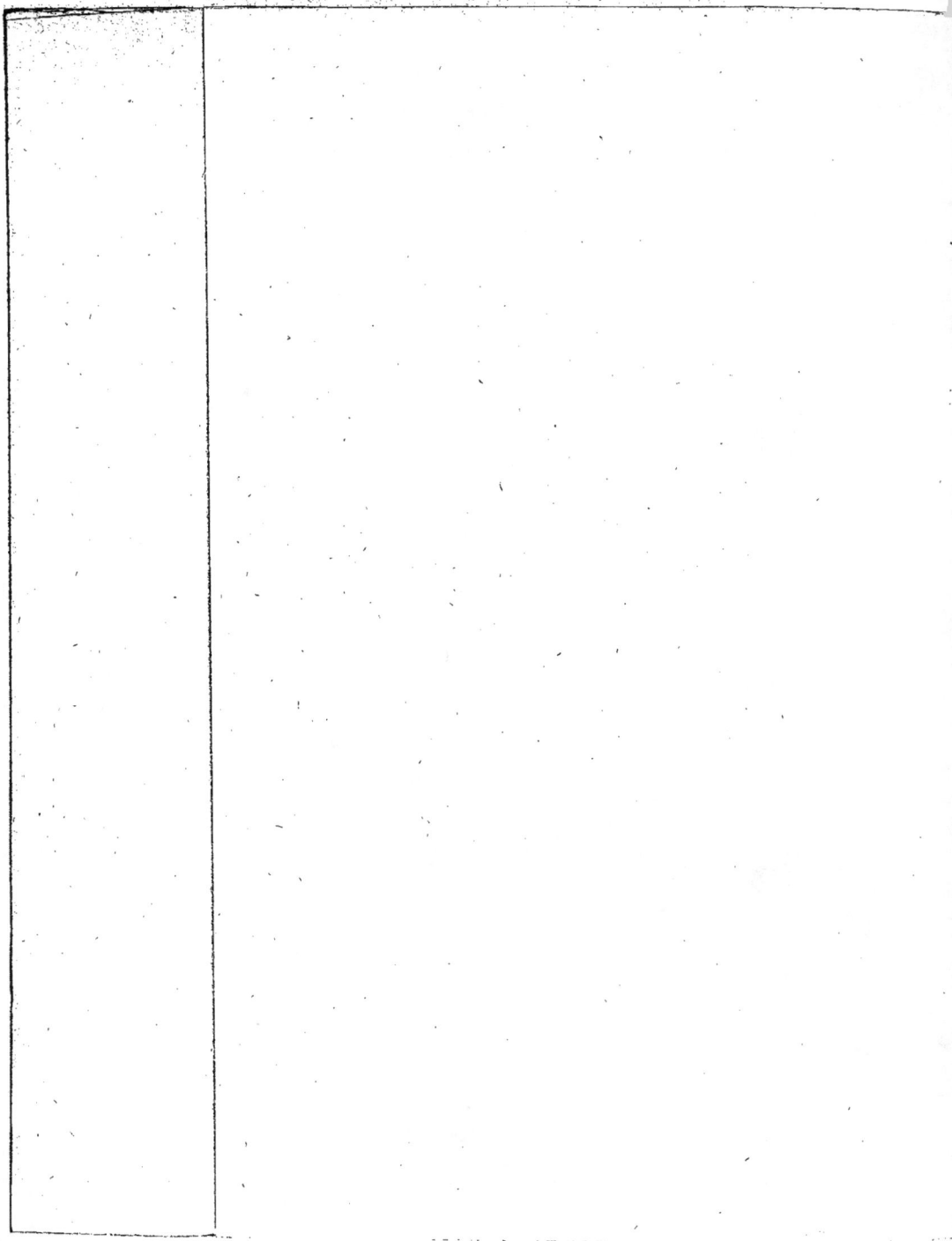

Pl. 12.

Fig. 1.

n

n s

Fig. 2.

B B

s n

J. Stavoren del. sc.

Pl. 13.

J. Strixner del et sc.

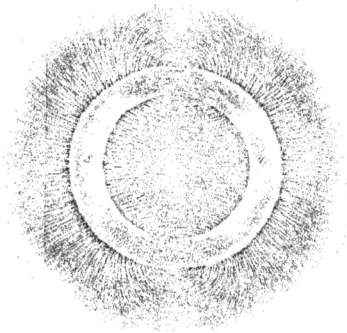

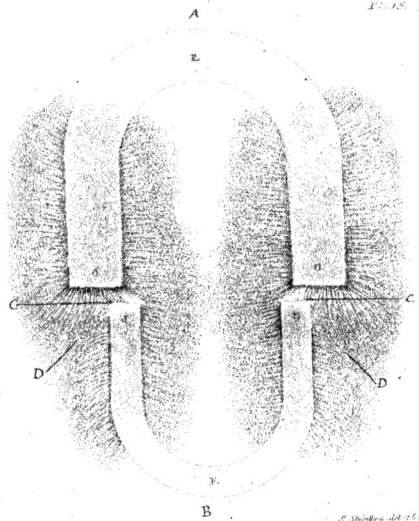

Pl. 15.

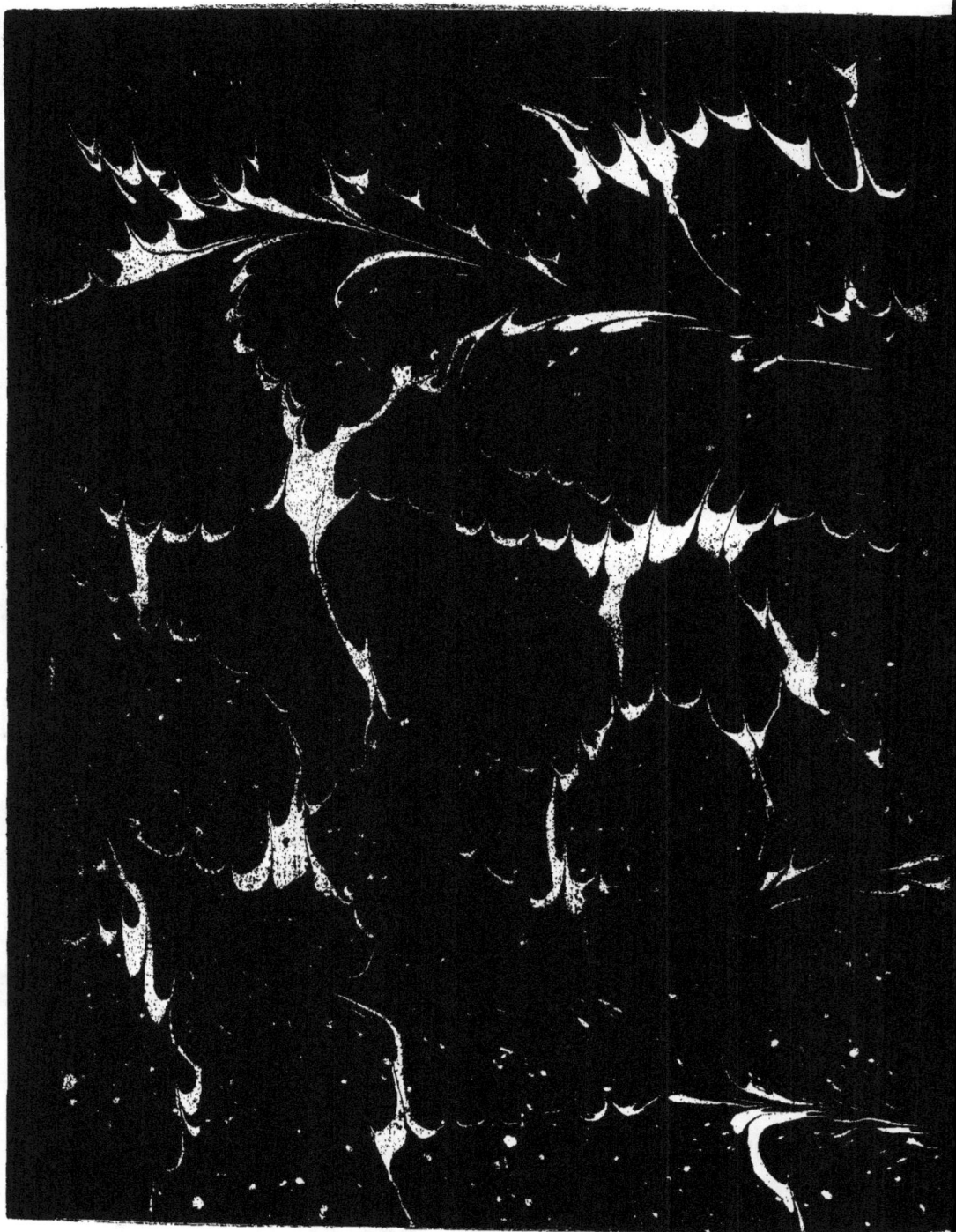

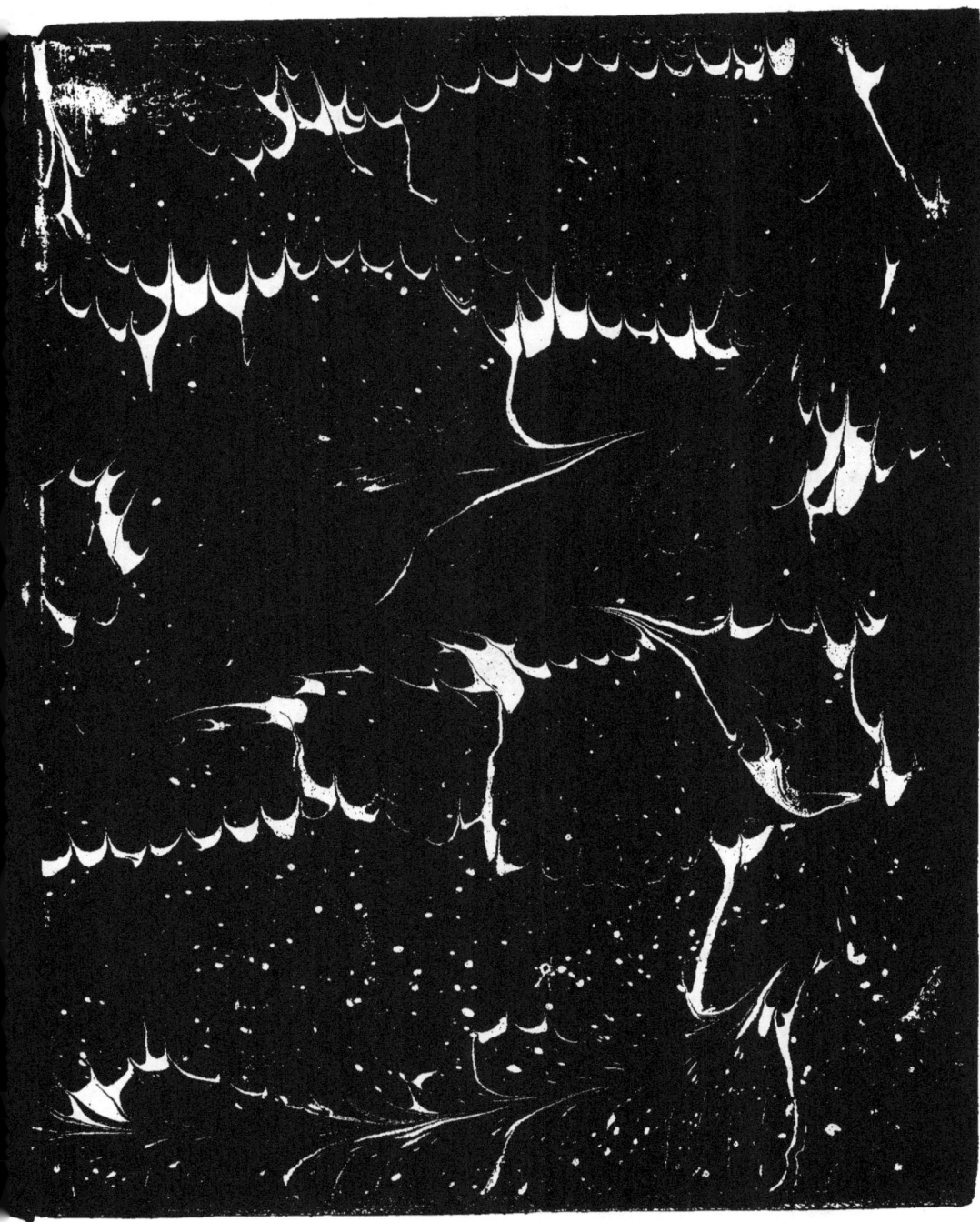